分子生物学实验技术

FENZI SHENGWUXUE SHIYAN JISHU

主　编　胡宗利　陈国平
副主编　解巧利　黄俊丽
参　编　李　静　陈亚楠　沈　辉
　　　　郭鹏宇　高子涵

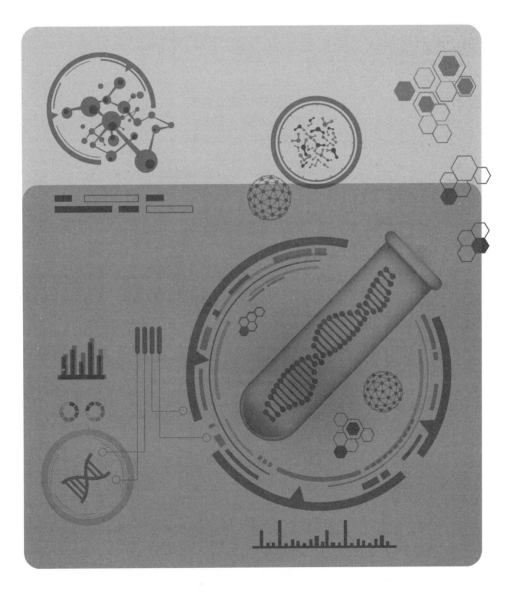

重庆大学出版社

内容提要

本书系统地介绍了分子生物学研究中一些常规实验技术的原理、操作步骤及注意事项。全书共 9 章,内容包括基因克隆技术、表达载体构建、植物转基因技术、基因表达分析技术、蛋白质表达与纯化、蛋白质-DNA 相互作用分析、蛋白质-蛋白质相互作用分析、蛋白质组学以及代谢组学。

本书可供高等院校生命科学类专业的教师和学生使用,也可供相关专业研究人员参考。

图书在版编目(CIP)数据

分子生物学实验技术 / 胡宗利,陈国平主编.
重庆:重庆大学出版社,2025.3. -- ISBN 978-7-5689-5011-4
Ⅰ.Q7-33
中国国家版本馆 CIP 数据核字第 2025VC0333 号

分子生物学实验技术

主 编 胡宗利 陈国平
副主编 解巧利 黄俊丽
策划编辑:杨粮菊

责任编辑:张红梅 版式设计:杨粮菊
责任校对:谢 芳 责任印制:张 策

*

重庆大学出版社出版发行
出版人:陈晓阳
社址:重庆市沙坪坝区大学城西路 21 号
邮编:401331
电话:(023)88617190 88617185(中小学)
传真:(023)88617186 88617166
网址:http://www.cqup.com.cn
邮箱:fxk@ cqup.com.cn(营销中心)
全国新华书店经销
重庆新荟雅科技有限公司印刷

*

开本:787mm×1092mm 1/16 印张:14.75 字数:377 千
2025 年 3 月第 1 版 2025 年 3 月第 1 次印刷
印数:1—1 000
ISBN 978-7-5689-5011-4 定价:49.00 元

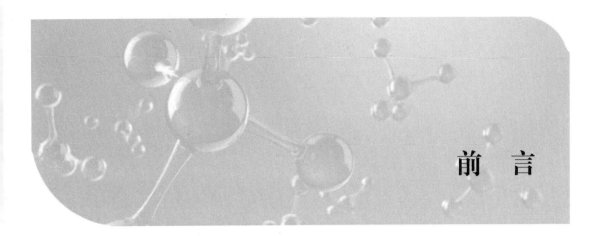

前　言

随着生命科学的发展,分子生物学已渗透到生命科学的各个领域,分子生物学实验技术已成为生命科学及相关学科教学与科研不可缺少的部分。近年来,随着诸多物种基因组测序完成,CRISPR/Cas9基因编辑技术的迅速发展以及多组学联合分析技术在功能基因组学中的应用,分子生物学领域的研究不断突破。我国科研人员在 *Nature*、*Science*、*Cell* 上发表的研究成果飞速增长,欣喜之余,更多的是一种激励与鞭策。对于刚踏上这趟研究旅途的研究人员来说,掌握一套系统的分子生物学实验技术无疑是不断揭示生命现象本质的有力工具。

本书系统地介绍了分子生物学研究中一些常规实验技术的原理、操作步骤及注意事项,力求总结出一套较为完善的分子生物学实验技术体系,包括核酸提取以及目标基因扩增、表达载体构建、植物遗传转化以及筛选、转基因株系表型观察、蛋白水平基因功能研究、高通量测序以及多组学分析等。本书的出版得益于编者实验室历届研究生的不懈努力以及对科学探索的热情,所述实验方法是他们数次摸索、反复验证和不断改进得来的;编者的主要研究领域为植物分子生物学,实验材料多为植物,但这些实验技术大多也适用于其他生物。无论您是刚踏入大学校园、对分子生物学领域充满好奇的本科生,还是正在开展相关科研工作的研究人员,本书都将为您提供宝贵的经验和有用的指导。衷心地希望这本实验指南能够成为您学习和研究的得力帮手,为您的科研之路提供有用的参考,助您获得更多的创新成果,并将这些成果运用到祖国的建设中。

虽然我们力求详细地对这些技术进行整理,但是分子生物学实验技术发展迅速,又囿于编者教学与科研的局限性,书中难免存在错漏之处,恳请读者批评指正。

编　者
2024 年秋于重庆

目　录

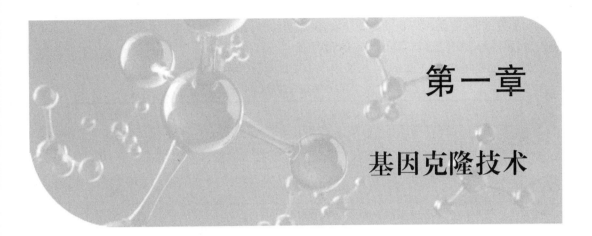

第一章

基因克隆技术

实验 1-1　基因组 DNA 提取

一、实验原理

不同生物(植物、动物、微生物)的基因组 DNA 的提取方法有所不同,相比于微生物和动物,植物细胞具有细胞壁,其基因组 DNA 的提取显得尤为不易。通常采用机械研磨的方法破碎植物的组织和细胞,由于植物细胞内的多种酶类(尤其是氧化酶类)会对 DNA 的抽提产生不利影响,因此需在抽提缓冲液中加入抗氧化剂或强还原剂(如巯基乙醇)以降低这些酶类的活性。在液氮中研磨,材料易于破碎,可以减少研磨过程中各种酶类的作用。

提取植物 DNA 常用的方法是 CTAB 法。其原理是:阳离子去污剂十六烷基三甲基溴化铵(hexadecyl trimethyl ammonium bromide,CTAB)可溶解细胞膜并将核酸、蛋白质、多聚糖等释放出来,在高离子强度的溶液中($>0.7mol/L$ NaCl),CTAB 与蛋白质和多聚糖形成复合物,通过苯酚和氯仿等有机溶剂抽提,离心去除细胞碎片、变性蛋白、多糖、酚类等杂质,上清液中加入乙醇或异丙醇沉淀分离核酸。

二、实验目的

1. 掌握用 CTAB 法提取番茄植株叶片基因组 DNA 的方法和步骤。
2. 了解 DNA 浓度测定和琼脂糖凝胶电泳检测。

三、实验材料、仪器、试剂

1. 实验材料:番茄幼叶。
2. 实验仪器:台式冷冻离心机、制冰机、微量测定仪、电泳仪、金属浴等仪器。

3. 实验试剂：液氮，CTAB 抽提缓冲液，β-巯基乙醇，氯仿：异戊醇（体积比 24 ∶ 1），3 mol/L 醋酸铵，异丙醇，70% 乙醇，TE buffer，琼脂糖。

CTAB 抽提缓冲液（100 mL）：按照表 1.1 中的组分和用量配制。

表 1.1　CTAB 抽提缓冲液（100 mL）组分

试剂	用量/mL
10% PEG 8000	10
1 mol/L Tris-HCl(pH 7.0)	10
5 mol/L NaCl	28
10% CTAB(加热到溶解)	20
500mmol/L EDTA(ethylene diamine tetraacetic acid,乙二胺四乙酸)	4
10% SLS(sodium lauroyl sarcosinate,十二烷基肌氨酸钠)	3
ddH$_2$O	25

四、实验方法步骤

1. 在液氮中将植物组织研磨成粉末。

2. 将研磨的样品粉末迅速转到经液氮预冷的 2 mL 离心管中（加到离心管 400 ~ 500 μL 刻度处），加入 1 mL CTAB 抽提缓冲液，再加入 20 μL β-巯基乙醇，吹打或振荡混匀。

3. 65 ℃ 孵育 15 min，每 5 min 颠倒混匀一次。

4. 加入氯仿：异戊醇（体积比 24 ∶ 1）714 μL，室温条件下，8 000 r/min 离心 5 min。

5. 取上清液 700 μL 转入新的 1.5 mL 离心管中，加入 70 μL 3 mol/L 醋酸铵，颠倒混匀。

6. 加入 726 μL 异丙醇，颠倒混匀。

7. 室温条件下，7 500 r/min 离心 5 min，去掉上清液。

8. 加入 70% 乙醇 600 μL 清洗沉淀 2 次，每次 13 000 r/min 离心 15 min，弃掉乙醇，室温干燥。

9. 向干燥的 DNA 中加入 50 ~ 100 μL 的 1×TE buffer（或无菌水），溶解 DNA。

10. DNA 浓度测定及琼脂糖凝胶电泳检测：

（1）测定浓度：DNA 溶解后，置于冰上，使用微量测定仪对所提取的 DNA 进行浓度测定，以便用于后续实验。

$$DNA\ 样品浓度（μg/μL）= OD_{260} × 稀释倍数 × 0.05$$

（2）凝胶电泳检测：用洗洁精溶液浸泡电泳槽及制作凝胶用的梳子和胶槽 30 min 以上，清水冲洗干净并干燥待用，制作琼脂糖凝胶（详见实验 1-5），取适量进行凝胶电泳，以查看 DNA 提取的完整性。DNA 应呈现为一条分子量较大的清晰条带。如样品呈弥散状，说明 DNA 已严重降解；如在溴酚蓝处出现明亮的荧光区，说明 RNA 过多，可用 RNA 酶消化；如在样品槽内有荧光出现，说明 DNA 未完全溶解或浓度过高，或样品不纯。

五、注意事项

1. CTAB 溶液在温度低于 15 ℃时会形成沉淀析出，因此，抽提处理后，离心时温度不要低于 15 ℃。

2. 酒精残留在 DNA 中会抑制后续酶解反应，因此在干燥时应让酒精充分挥发。

3. 如果 DNA 中残留有 RNA，可先加入 RNase 降解 RNA，然后再沉淀干燥 DNA。

4. 尽量取新鲜材料，低温保存材料避免反复冻融，防止 DNA 降解；液氮研磨或匀浆充分，可增加释放提取的 DNA 量；研磨或匀浆后，应在解冻前加入裂解缓冲液，以抑制内源核酸酶的活性；细胞裂解后的后续操作应尽量轻柔，避免 DNA 被机械打断；所有试剂用无菌水配制，耗材经高温灭菌，避免外源核酸酶污染；将 DNA 分装保存于缓冲液中，避免反复冻融导致 DNA 降解。

六、思考题

1. 哪些措施可以降低 DNA 在提取过程中的降解？
2. 如何评估提取到的 DNA 的质量？

七、参考文献

[1] 张建芩.两个番茄 MADS-box 家族基因 SlCMB1 和 SlMBP3 在生殖发育中的功能研究[D].重庆:重庆大学,2019.

实验 1-2　总 RNA 提取

一、实验原理

细胞中的 RNA 包括 rRNA、tRNA 和 mRNA 等。提取植物总 RNA 通常采用 Trizol 试剂，其主要成分是苯酚。苯酚可裂解细胞使其释放出蛋白、核酸等物质，并可有效使蛋白质变性。实验过程中，还加入 8-羟基喹啉、异硫氰酸胍、β-巯基乙醇等来抑制内源和外源 RNA 酶，保持 RNA 的完整性。通过氯仿抽提、离心去除变性蛋白、DNA 等杂质后，RNA 溶解于水相中，将水相转管后用异丙醇沉淀 RNA。

二、实验目的

1. 掌握用 Trizol 试剂提取 RNA 的方法和步骤。
2. 了解 RNA 浓度测定和琼脂糖凝胶电泳检测。

三、实验材料、仪器、试剂

1. 实验材料:番茄幼叶、1.5 mL 离心管、枪头、一次性手套、研钵、离心管架、铅笔、记号笔。
2. 实验仪器:灭菌锅、制冰机、通风橱、冷冻离心机、恒温水浴、移液器、烘箱、分析天平、pH 计等。
3. 实验试剂:Trizol 试剂、液氮、氯仿、异丙醇、75% 乙醇(用 DEPC 处理水配制)、RNase-free 水、琼脂糖。

四、实验方法步骤

1. 将 1.5 mL 离心管提前用铅笔做好标记,预冷。将新鲜番茄幼叶或超低温保存的样品迅速转移至用液氮预冷的研钵中,用研杵研磨组织,其间不断加入液氮,直至研磨成粉末状。

2. 将研磨好的番茄幼叶样品迅速装入预冷的 1.5 mL 离心管中,使样品的量到达离心管 0.1 刻度处(过多会产生较多杂质),将离心管置于液氮中暂时保存,直到所有样品都研磨完毕。

3. 用镊子取出置于液氮中的盛有样品的 1.5 mL 离心管,向管中加入 1 mL 的 Trizol 裂解液,迅速振荡匀浆,直至匀浆液呈无颗粒透明状,室温静置 5 min,然后 12 000 r/min、4 ℃离心 5 min。

4. 小心吸取上清液(950 μL),移入新的离心管中(切勿吸取沉淀)。向匀浆裂解液中加入 200 μL 氯仿(Trizol 裂解液的 1/5 体积量),盖紧离心管盖,用手剧烈振荡 15 s(氯仿沸点低、易挥发,振荡时应小心离心管盖突然弹开)。待溶液充分乳化(无分相现象)后,在室温下静置 5 min,然后 12 000 r/min、4 ℃离心 15 min。

5. 从离心机中小心取出离心管,此时匀浆液分为 3 层,即无色的上清液、中间的白色蛋白层及带有颜色的下层有机相。吸取上清液(250～320 μL)转移至另一新的离心管中(切忌吸出白色中间层)。

6. 向上清液中加入等体积的异丙醇,上下颠倒离心管充分混匀后,在 15～30 ℃下静置 10 min,然后 12 000 r/min、4 ℃离心 10 min(一般在离心后,试管底部会出现沉淀)。

7. RNA 沉淀的清洗:小心弃去上清液,缓慢地沿离心管壁加入 75% 乙醇 1 mL(切勿触及沉淀),轻轻上下颠倒洗涤离心管管壁,12 000 r/min、4 ℃离心 5 min 后小心弃去乙醇(为了减少 RNA 中的盐离子含量,可重复此步骤)。

8. RNA 的溶解:室温干燥沉淀 2～5 min(可将盛有 RNA 的离心管架置于超净工作台上,打开鼓风进行干燥;不可以加热干燥,否则 RNA 将会很难溶解;干燥时间不能太长,否则 RNA 容易降解),加入适量(30～50 μL)的 RNase-free 水溶解沉淀,必要时可用移液枪轻轻吹打沉淀,待 RNA 沉淀完全溶解后于−80 ℃保存。

9. RNA 浓度测定及琼脂糖凝胶电泳检测。

(1)测定浓度:RNA 置于冰上溶解后,使用微量测定仪对所提取的 RNA 进行浓度测定,以便用于后续实验。

$$总 RNA 浓度(\mu g/\mu L) = OD_{260} \times 稀释倍数 \times 0.04$$

（2）凝胶电泳检测：用洗洁精溶液浸泡电泳槽及制作凝胶用的梳子和胶槽 30 min 以上，清水冲洗干净并干燥待用，制作琼脂糖凝胶（详见实验 1-5），取 2 ~ 3 μL 进行凝胶电泳，以查看 RNA 提取的完整性（完整的植物组织 RNA 电泳后可见 3 条亮带，分别为 28S、18S、5S）。

五、注意事项

1. Trizol 试剂中含有强变性剂，应避免与皮肤、衣物等接触。若不小心接触到眼睛或皮肤，应立即用大量的水冲洗，严重者需及时前往医院治疗。

2. RNA 制备的关键是抑制细胞中的 RNA 分解酶和防止所用器具及试剂中 RNA 分解酶的污染。因此，在实验中必须采取以下措施：戴一次性干净手套；使用 RNA 操作专用实验台；在操作过程中避免讲话，并佩戴口罩等，以防止实验者汗液或唾液中的 RNA 分解酶的污染。

3. RNase-free 水的制备方法：使用 RNase-free 的玻璃瓶，向超纯水中加入 DEPC 至终浓度 0.1%（V/V），过夜搅拌后，高温高压灭菌。RNA 实验用的试剂和无菌水都应专用，以避免混用后交叉污染。

4. 液氮研磨样品要充分，无明显的可见颗粒，如果没有研磨彻底则会影响 RNA 的收率和质量。

六、思考题

1. RNA 酶的变性剂或失活剂有哪些？
2. 怎样从总 RNA 中进行 mRNA 的分离和纯化？

七、参考文献

[1] 郭俊娥. 番茄组蛋白去乙酰化酶家族基因 SlHDA1 和 SlHDT3 的功能研究［D］. 重庆：重庆大学，2017.

实验 1-3 PCR 扩增

聚合酶链式反应又称多聚酶链式反应（polymerase chain reaction，PCR），是一种对特定的 DNA 片段在体外进行快速扩增的方法，也是基因扩增技术的一次重大革新，由美国科学家 Kary Banks Mullis 发明。Kary Banks Mullis 也因此获得了 1993 年的诺贝尔化学奖。

一、实验原理

PCR 类似于 DNA 的天然复制过程，其特异性依赖于与靶序列两端互补的寡核苷酸引物。PCR 由变性—退火（复性）—延伸 3 个基本反应步骤构成：①模板 DNA 的变性：模板 DNA 加热至 90 ~ 95 ℃时，双链 DNA 解离成单链，以便它与引物结合，为下轮反应作准备；②模板 DNA

与引物的退火(复性):当温度降至适当温度(50~60 ℃)时,引物与模板 DNA 单链的互补序列通过氢键配对结合;③引物的延伸:DNA 模板-引物结合物在 DNA 聚合酶的作用下,于最适温度(72 ℃),以 dNTP 为反应原料,靶序列为模板,按碱基配对与半保留复制原则,合成一条新的与模板 DNA 链互补的半保留复制链。重复循环变性—退火—延伸 3 个基本步骤 30~40次,能以指数形式(2^n)扩增目的 DNA 片段,从而将目的基因扩增放大几百万倍。

二、实验目的

1. 掌握 PCR 引物设计及软件使用。
2. 学习 PCR 仪的使用。

三、实验材料、仪器、试剂

1. 实验材料:记号笔、PCR 管、一次性枪头、手套等。
2. 实验仪器:PCR 仪、移液器、制冰机。
3. 实验试剂:Taq DNA 聚合酶(简称"Taq 酶")、10 mmol/L dNTPs、模板 DNA、ddH_2O、10×Buffer(含有 Mg^{2+})。

四、实验方法步骤

1. 用常用软件 Primer 5.0 进行 PCR 引物设计,引物设计的原则如下:
(1)引物与模板的序列要紧密互补;
(2)引物与引物之间避免形成稳定的二聚体或发夹结构;
(3)引物不能在模板的非目的位点引发 DNA 聚合反应,即不能错配。
2. PCR 扩增

Taq 酶所能接受的模板浓度范围较大,一般 25 μL 体系中用 1 μL 模板。PCR 反应体系见表 1.2。

表 1.2　PCR 反应体系

试剂	用量/μL
H_2O	18.8
10×Buffer(含有 Mg^{2+})	2.5
10 mmol/L dNTPs	0.5
上游引物(10 μmol/L)	1
下游引物(10 μmol/L)	1
模板 DNA	1
Taq 酶	0.2

根据表 1.2 顺序配制反应液,混匀后,分装到 PCR 管中(全程在冰水中操作),随后低速离心 30 s 将反应液甩到管底,放进 PCR 仪中进行 PCR 扩增,程序见表 1.3。

表 1.3　PCR 扩增程序

循环数	温度/℃	时间	说明
1	94	5 min	预变性
35	94	30 s	变性
	58	30 s	退火
	72	30 s	延伸
1	72	5 min	延伸

注:①"58 ℃,30 s"中的"58 ℃"为引物的最适 T_m 值,可以根据引物自身的 T_m 设定这个温度。

②"72 ℃,30 s"中的"30 s"要根据目的片段长度设定,Taq 酶一般 1 min 可延伸 1000 bp。

五、注意事项

1. 普通 PCR 引物设计注意事项:

(1)引物的长度一般为 15 ~ 30 bp,常用的是 18 ~ 27 bp,不应大于 38 bp,因为过长会导致其延伸温度大于 74 ℃,不适宜 Taq 酶进行反应。

(2)引物序列在模板内应当没有相似性较高,尤其是 3′端相似性较高的序列,否则容易导致错配。引物 3′端出现 3 个以上的连续碱基,如 GGG 或 CCC,也会使错误的引发概率增加。

(3)引物 3′端的末位碱基对 Taq 酶的 DNA 合成效率有较大的影响。不同的末位碱基在错配位置导致不同的扩增效率,末位碱基为 A 的错配效率明显高于其他 3 种碱基,因此应当避免在引物的 3′端使用碱基 A。另外,引物二聚体或发夹结构也可能导致 PCR 反应失败。

(4)引物序列的 GC 含量一般为 40% ~ 60%,过高或过低都不利于引发反应。上、下游引物的 GC 含量不能相差太大。

(5)引物二聚体及发夹结构的能值过高(超过 4.5 kcal/mol),易产生引物二聚体带,并且降低引物有效浓度而使 PCR 反应不能正常进行。

(6)5′端序列对 PCR 影响不太大,一般在 5′端增加酶切位点,应根据下一步实验中要插入 PCR 产物的载体的相应序列而确定。

2. 注意防止 PCR 污染,可以采用以下措施:试剂少量分装、吸头及离心管一次性使用、工作区域相对洁净。

3. PCR 扩增要设立阳性对照(阳性模板)和阴性对照(除模板外的所有组分)。

六、思考题

1. 配制反应液时为何在冰水中操作?

2. 退火温度如何选择?

七、参考文献

[1] SAIKI R K,BUGAWAN T L,HORN G T,et al. Analysis of enzymatically amplified β-globin and HLA-DQα DNA with allele-specific oligonucleotide probes[J]. Nature,1986,324:163-166.

实验 1-4　RT-PCR

一、实验原理

RT-PCR(Reverse Transcription-Polymerase Chain Reaction)即逆转录-聚合酶链反应,是一种先经反转录酶的作用以 RNA 为模板合成 cDNA,再以 cDNA 为模板,扩增合成目的片段的技术。作为模板的 RNA 可以是总 RNA、mRNA 或体外转录的 RNA 产物。无论使用何种 RNA,关键是确保 RNA 中无 RNA 酶和基因组 DNA 的污染。用于反转录的引物可视实验的具体情况选择随机引物、Oligo dT 及基因特异性引物中的一种。

二、实验目的

掌握 RT-PCR 的原理和操作步骤。

三、实验材料、仪器、试剂

1.实验材料:一次性枪头、PCR 管、1.5 mL 离心管、PCR 管架、冰、一次性口罩、一次性手套。

2.实验仪器:PCR 仪、移液器。

3.实验试剂:ddH$_2$O、Oligo（dT）$_{20}$、RNA、5×M-MLV Buffer、dNTPs(10 mmol/L)、M-MLV 反转录酶、*Taq* 酶、10×Buffer(含有 Mg^{2+})。

四、实验方法步骤

1.在无核酸酶污染的 1.5 mL 离心管中加入表 1.4 所示的试剂。

表 1.4　RNA 预处理溶液

试剂	用量/μL
总 RNA	2
Oligo（dT）$_{20}$	2
ddH$_2$O	7

金属浴恒温 72 ℃ 加热上述离心管 5 min,这样可以打开模板的二级结构;然后立即在冰上冷却 5 min,以避免重新形成二级结构;短暂离心,使溶液收集到管底。

2. 在上述 1.5 mL 离心管中按表 1.5 中的顺序加入相应组分。

表 1.5 反转录溶液

试剂	用量/μL
5×M-MLV Buffer	4
dNTPs(10 mmol/L)	2
ddH$_2$O	2
M-MLV 反转录酶	1

3. 混匀后在 42 ℃ 孵育 60 min 进行反转录。

4. 72 ℃、10 min 灭活 M-MLV 反转录酶,得到 cDNA,于 4 ℃ 暂存,长期保存放于 −20 ℃。

5. 按表 1.6 配制 PCR 反应液。

表 1.6 PCR 反应液

试剂	用量/μL
ddH$_2$O	37.5
10×Buffer(含有 Mg^{2+})	5
10 mmol/L dNTPs	1
上游引物(10 μmol/L)	1
下游引物(10 μmol/L)	1
Taq 酶	0.5

6. 取上述制备的 cDNA 4 μL 与 PCR 反应液混匀。低速离心 30 s 将反应液甩到管底,放进 PCR 仪中按照相应程序进行 PCR 扩增。

五、注意事项

1. 防止 DNA 的污染和影响:采用 DNA 酶处理 RNA 样品,去除 DNA;可以将 PCR 引物设计在跨内含子的不同外显子上,以消除 DNA 对 PCR 扩增的影响。

2. 整个过程始终注意避免 RNA 酶的污染:所有材料和试剂都不能有 RNA 酶,器材都为 RNA 操作专用,操作人员戴口罩、手套。

六、思考题

1. 反转录之前为什么要进行 72 ℃ 处理?

2. 随机引物、Oligo (dT)$_{20}$ 和基因特异性引物分别在什么情况下可选择为反转录引物?

七、参考文献

[1] 郭俊娥. 番茄组蛋白去乙酰化酶家族基因 SlHDA1 和 SlHDT3 的功能研究[D]. 重庆: 重庆大学, 2017.

实验 1-5　琼脂糖凝胶电泳

一、实验原理

琼脂糖凝胶具有网络结构, 物质分子通过时会受到阻力, 大分子物质在涌动时受到的阻力大。DNA 和 RNA 又被称为多聚阴离子, 在电场中向正电极的方向迁移。此外, 由于糖-磷酸骨架在结构上的重复性质, 相同数量的双链 DNA 或 RNA 几乎具有等量的净电荷, 因此它们能以同样的速度向正电极方向迁移。影响 DNA 或 RNA 在凝胶中迁移率的因素包括 DNA 或 RNA 分子的大小、DNA 或 RNA 的构象、电压、电场方向、碱基组成、嵌入的染料以及电泳缓冲液的组成等。因此在琼脂糖凝胶电泳中, 在一定的电压下, 在相同电泳缓冲液、相同嵌入染料等条件下, DNA 和 RNA 的分离不仅取决于净电荷的性质和数量, 而且还取决于分子大小, 这就大大提高了分辨能力。其中, 琼脂糖凝胶浓度与线性 DNA 的最佳分离范围可参考表 1.7。

表 1.7　琼脂糖凝胶浓度与线性 DNA 的最佳分辨范围

琼脂糖浓度	最佳线性 DNA 分辨范围/bp
0.5%	1 000 ~ 30 000
0.7%	800 ~ 12 000
1.0%	500 ~ 10 000
1.2%	400 ~ 7 000
1.5%	200 ~ 3 000
2.0%	50 ~ 2 000

二、实验目的

掌握琼脂糖凝胶制胶、上样、电泳的操作过程。

三、实验材料、仪器、试剂

1. 实验材料: 三角瓶、一次性枪头、一次性手套。

2. 实验仪器：电泳仪、水平式电泳装置、凝胶成像系统、微波炉、微量移液器等。

3. 实验试剂：琼脂糖、核酸染料、DNA marker、TAE 电泳缓冲液、溴酚蓝、上样缓冲液。

6×上样缓冲液（DNA 电泳用）：按照表 1.8 所示的组分及浓度，称取 0.88 g EDTA、0.05 g 溴酚蓝、0.05 g 二甲苯青置于烧杯中，加入约 40 mL ddH$_2$O，加热搅拌充分溶解，再加入 45 mL 80% 甘油，用 NaOH 调节酸碱度到 pH=7.0，ddH$_2$O 定容至 100 mL 后室温（或 4 ℃）保存。

表 1.8 6×上样缓冲液组分（100 mL）

组分	终浓度
EDTA	30 mmol/L
甘油	36%（V/V）
溴酚蓝	0.05%（W/V）
二甲苯青	0.05%（W/V）

10×上样缓冲液（RNA 电泳用）：按照表 1.9 所示的组分及浓度，称取 0.25 g 溴酚蓝、0.25 g 二甲苯青置于烧杯中，加入 2 mL 0.5 mol/L EDTA（pH=8.0），加入约 20 mL ddH$_2$O，充分搅拌溶解，加入 62.5 mL 80% 甘油后，充分混匀，ddH$_2$O 定容至 100 mL，室温（或 4 ℃）保存。

表 1.9 10×上样缓冲液组分（100 mL）

组分	终浓度
EDTA	10 mmol/L
甘油	50%（V/V）
溴酚蓝	0.25%（W/V）
二甲苯青	0.25%（W/V）

四、实验方法步骤

1. 制胶

（1）根据制胶量及凝胶浓度，在加有一定量 0.5×TAE 电泳缓冲液的三角锥瓶中，加入准确称量的琼脂糖粉（总液体量不宜超过三角锥瓶容量的 50%）。

（2）在三角锥瓶的瓶口上盖上保鲜膜或牛皮纸，并在膜或纸上扎些小孔，然后在微波炉中加热溶解琼脂糖。加热至溶液沸腾后，戴上防热手套，小心摇动锥瓶，使琼脂糖充分、均匀溶解。此操作重复数次，直至琼脂糖完全溶解。

（3）使溶液冷却至 65 ℃左右，可在此时加入核酸染料，并充分混匀（也可以电泳后再加入核酸染料染色）。

（4）取有机玻璃内槽，洗净、晾干；将有机玻璃内槽置于一水平模具上，放好梳子，将琼脂糖溶液小心地倒入制胶模中，控制灌胶速度和量，使胶液缓慢地展开，直到在整个有机玻璃板表面形成均匀的胶层。凝胶厚度一般为 3 ~ 5 mm。

（5）在室温下使胶凝固 30 min 左右，待凝固完全后，轻轻拔出梳子，在凝胶上即形成相互隔开的上样孔。制好胶后将铺胶的有机玻璃内槽放在含有 0.5×TAE 电泳缓冲液的电泳槽中使用。

2. 上样

取适量样品与 6×上样缓冲液混匀，然后用微量移液器将其小心加入样品槽中，总体积不可超过样品槽容量。

3. 电泳

加完样后，合上电泳槽盖，立即接通电源，建议在 80 ~ 100 V 的电压下电泳，当溴酚蓝移动到距胶板下沿约 1 cm 处停止电泳。

4. 观察与拍照

在紫外灯（310 nm 波长）下观察染色后的凝胶，DNA 存在处显示橘黄色的荧光条带，采用快速凝胶成像系统拍照电泳图谱。

五、注意事项

1. 工作用电泳缓冲液为 0.5×TAE 电泳缓冲液，该缓冲液可取用 50×TAE 缓冲液贮存液进行稀释制得，现配现用。

2. 用于电泳的缓冲液和用于制胶的缓冲液必须统一。

3. 琼脂糖在微波炉中的加热时间不宜过长，当溶液起泡沸腾时立即停止加热，否则会引起溶液过热暴沸，造成琼脂糖凝胶浓度不准，也会损坏微波炉。溶解琼脂糖时，必须保证琼脂糖充分完全溶解，否则，会造成电泳图谱模糊不清。

4. 凝胶不立即使用时，请用保鲜膜将凝胶包好后在 4 ℃下保存，一般可保存 2 ~ 5 d。

5. 每加完一个样品都要更换枪头，以防止互相污染；上样时枪头不要碰坏凝胶孔壁，以免条带不整齐；避免将样品槽底部凝胶刺穿，否则样品会漏到电泳缓冲液中；每孔上样量低于样品孔容量，避免样品溢出与其他孔样品混合。

6. DNA marker 上样在检测样品一侧或两侧，以评估样品中 DNA 的大小。

7. 在紫外灯下观察时，应戴上防护眼镜或有机玻璃防护面罩，避免眼睛遭受强紫外光损伤。

六、思考题

1. 琼脂糖凝胶浓度低于 0.5% 时，如何增加凝胶硬度？
2. 核酸染料为什么可以染色核酸？

七、参考文献

[1] 韩阳,何佳梦. 琼脂糖凝胶电泳的理论技术和应用[J]. 科协论坛(下半月),2012(6)：98-99.

一、实验原理

Taq 酶能够在 PCR 产物的 3′末端加上一个非模板依赖的 A 尾,T 载体是一种带有 3′T 突出端的载体,在 DNA 连接酶作用下,可以快速、一步到位地把 PCR 产物直接插入 T 载体的多克隆位点(multiple cloning site,MCS)中。高保真酶扩增的片段在 3′末端没有加上一个非模板依赖的 A 尾,因此需先加 A 尾才能和 T 载体连接。

二、实验目的

1. 了解常用 T 载体的结构图谱。
2. 掌握高保真扩增产物加 A 尾和连接体系的建立。

三、实验材料、仪器、试剂

1. 实验材料:PCR 产物、T 载体(常用的有 *pGEM-T*® Easy Vector、pMD18-T Vector 等,二者的质粒图谱如图 1.1 和图 1.2 所示)。

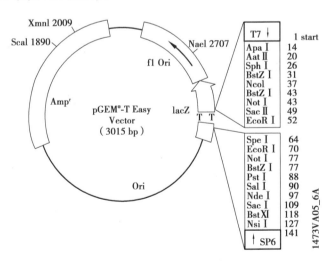

图 1.1　pGEM®-T Easy Vector 质粒图谱①

---

① Promega 公司 pGEM®-T Easy 载体系统,产品编号:A3600 说明书。

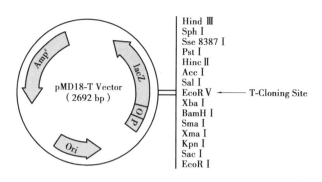

图 1.2　pMD18-T Vector 质粒图谱①

2. 实验仪器:PCR 仪、金属浴、电泳仪、台式离心机。

3. 实验试剂:10×PCR Buffer(不含 Mg²⁺)、MgCl₂、dATP 或 dNTPs(10 mmol/L)、*Taq* 酶、DNA 纯化试剂盒、T4 DNA 连接酶或 TaKaRa DNA 连接试剂盒。

四、实验方法步骤

1. PCR 产物处理

如果是高保真酶扩增的片段,需要先加 A 尾才能和 T 载体连接,加 A 尾的体系见表 1.10。

表 1.10　加 A 尾体系(25 μL)

试剂	用量/μL
10×PCR Buffer(不含 Mg²⁺)	2.5
MgCl₂(25 mmol/L)	1.0
dATP 或 dNTPs(10 mmol/L)	0.5
高保真酶 PCR 产物	20.8
Taq 酶	0.2

将以上试剂混合均匀,放入 PCR 仪中,72 ℃处理 30 min,然后经 DNA 纯化试剂盒纯化,再进行 T 载体连接。

如果是 *Taq* 酶扩增的片段,经 DNA 纯化试剂盒纯化后直接用于 T 载体连接。

2. PCR 产物与 T 载体连接

按照表 1.11 或表 1.12 所示顺序将各组分加入 PCR 管中(在冰上操作)。

---

① TaKaRa 公司 pMD-18T 载体系统,产品编号:D101A 说明书。

表 1.11　T4 DNA 连接酶连接体系(10 μL)

试剂	用量/μL
2×Rapid Ligation Buffer	5
pGEM®-T Easy Vector	0.5
PCR 产物	3.5
T4 DNA 连接酶	1

表 1.12　Solution Ⅰ(TaKaRa DNA 连接试剂盒)连接体系(10 μL)

试剂	用量/μL
Solution Ⅰ	5
pMD18-T 载体	0.5
PCR 产物	4.5

注意:插入片段和 T 载体的比例应以 1∶3 ~ 1∶9 为宜。插入片段和 T 载体的量需根据 DNA 分子量计算,而不取决于浓度。PCR 产物的浓度可以根据跑胶时和 marker 的亮度进行对比大致得到,即 DL2000 的 750 bp 条带为 20 ng/μL。T 载体浓度为 50 ng/μL。插入片段量可按如下公式计算:

$$\frac{加入载体的量(ng)\times插入片段大小(kb)}{载体大小(kb)}\times插入片段和载体的摩尔比=插入片段的量(ng)$$

轻轻振荡混匀后短暂离心,放在 4 ℃过夜(如果需要急用,也可在室温连接 1 h 直接使用,但连接效果会受到影响)。

连接后的产物可以立即用来转化感受态细胞或置于 4 ℃冰箱备用。

五、注意事项

连接体系中,插入片段与 T 载体的比例范围较广,但也需计算其使用量,可以选择一定的 T 载体使用量,然后设置 2 ~ 3 个不同插入片段使用量的连接体系。

六、思考题

为什么高保真酶扩增产物需要加 A 尾才能与 T 载体连接?

七、参考文献

[1] 李纷芬.番茄转录因子 VAHOX1 和 SlMBP22 在生殖发育及干旱胁迫响应中的功能研究 [D].重庆:重庆大学,2022.

实验 1-7　大肠杆菌感受态细胞制备

一、实验原理

感受态是指受体细胞易接受外源 DNA 片段并实现其转化的一种生理状态。化学试剂 $CaCl_2$ 经常被用于制备大肠杆菌的感受态细胞。原理为受体细胞在 0 ℃ 的 $CaCl_2$ 低渗溶液中膨胀成球形，细胞膜的通透性发生变化，成为能容许外源 DNA 的载体分子通过的感受态细胞。

二、实验目的

1. 了解大肠杆菌感受态细胞生理特性及制备条件。
2. 掌握用 $CaCl_2$ 制备大肠杆菌感受态细胞的方法。

三、实验材料、仪器、试剂

1. 实验材料：大肠杆菌 DH5α 菌种、1.5 mL 离心管、50 mL 离心管、培养皿、接种环、微量移液器、枪头、三角瓶。
2. 实验仪器：恒温摇床、恒温培养箱、分光光度计、制冰机、台式离心机、超低温冰箱、超净工作台。
3. 实验试剂：0.1 mol/L $CaCl_2$、80% 甘油、LB 培养基。

四、实验方法步骤

1. 从 -80 ℃ 冰箱中取一管冷冻保藏的大肠杆菌 DH5α 原始菌液，在超净台上用接种环(灼烧灭菌后)蘸取少量菌，采用四区接种法接种于 LB 平板上，用封口膜封好后倒放在 37 ℃ 恒温培养箱中培养过夜。
2. 在超净台上，从新活化的 DH5α 菌平板上挑单菌落，接种于装有 20 mL LB 液体培养基的小三角瓶中，37 ℃、250 r/min 振荡培养过夜(16 h 左右)。
3. 取 1 mL 菌液转接到含有 100 mL LB 液体培养基的大锥形瓶中，37 ℃ 振荡培养 2~3 h，当 OD_{600} 值达到 0.3~0.5 即可(0.4 转化效果最佳)。
4. 取出锥形瓶放置在冰水上(0 ℃)10~60 min，注意提前预冷离心机、离心管及 $CaCl_2$ 溶液，尽量所有步骤都在低温条件下(冰水混合物中)进行，过一段时间摇一下。
5. 取 100 mL 菌液，置于 2 个 50 mL 离心管中，离心(4 000 r/min，10 min，4 ℃)，弃上清液。
6. 倒入 10 mL 预冷的 0.1 mol/L 的 $CaCl_2$ 溶液，冰上放置 10 min，在冰上轻摇，使菌溶于其中，离心 7 min(4 000 r/min、4 ℃)，弃上清液。

7. 加入 3 mL $CaCl_2$ 液重悬菌液(注:先加 1 mL $CaCl_2$ 将壁上感受态细胞冲下,再加 2 mL $CaCl_2$ 溶液);

8. 冰上放置 6 h,加入 1 mL 80% 甘油(此时体系为 4 mL,含 20% 甘油)。

9. 在超净工作台上,用 1.5 mL 离心管分装,每管 100 μL,迅速投入液氮中冷冻,然后从液氮中取出,保存于-80 ℃。

五、注意事项

1. 采用对数生长期的大肠杆菌制备感受态细胞。

2. 感受态的制作尽量在冰上完成,实验中所用的试剂、转子、离心机均需提前预冷,操作的动作要尽量轻柔、稳健。

3. 三角瓶在摇床上务必卡紧,以防三角瓶在振荡培养过程中松动倾倒,严重的还会导致摇床主板短路损坏。

4. 菌种活化、挑单菌落应在超净工作台上进行,避免杂菌污染。

六、思考题

1. 为什么要采用对数生长期的大肠杆菌来制备感受态细胞?

2. 为什么用预冷的 0.1 mol/L $CaCl_2$ 溶液处理大肠杆菌细胞后,操作动作要轻柔?

七、参考文献

[1] 郭梦姚,吴靖芳. 大肠杆菌感受态细胞制备及转化研究现状[J]. 河北北方学院学报(自然科学版),2020,36(8):44-48.

实验 1-8　大肠杆菌转化实验

一、实验原理

细菌转化是指以质粒为载体,将外源 DNA 导入宿主细胞(如大肠杆菌等)的过程。转化方法包括电转化法和化学转化法($CaCl_2$)等。电转化法无须制备感受态细胞,而通过高压脉冲的作用将载体 DNA 分子导入受体细胞,但需要电转化仪,成本较高,因此通常使用化学试剂 $CaCl_2$ 制备感受态细胞,并通过热激处理将载体 DNA 分子导入受体细胞。其原理为受体细菌在 0 ℃时,用预冷的 $CaCl_2$ 溶液进行低渗处理,使菌体的细胞膜通透性增加,菌体膨胀成球形。此时用于转化的 DNA 可形成抗 DNase 的羟基-钙磷酸复合物黏附于细菌表面,经短暂 42 ℃的热休克(热激反应)后,复合物便会被细胞吸收,不仅使介质中的 DNA 易于进入细菌的细胞内,而且不易被菌体中的 DNase 降解。然后在全培养基中生长一段时间使转化基因实现表达,就可涂布于选择性培养基中分离转化子。

二、实验目的

1. 掌握热激法转化大肠杆菌的原理。
2. 了解蓝白斑筛选的原理和方法。

三、实验材料、仪器、试剂

1. 实验材料:大肠杆菌 DH 5α 感受态细胞、1.5 mL 离心管、涂布棒、微量移液器、枪头、培养皿。
2. 实验仪器:恒温摇床、恒温培养箱、制冰机、水浴锅、台式离心机、超净工作台。
3. 实验试剂:LB 培养基、氨苄青霉素、X-gal(5-溴-4-氯-3-吲哚-β-D-半乳糖苷)、IPTG(异丙基硫代-β-D-半乳糖苷)。

四、实验方法步骤

1. 将连接产物或质粒放在冰上预冷,并取冻存的感受态细胞置于冰上融化。
2. 将连接产物或质粒加入融化的感受态细胞溶液中,轻轻混匀,然后在冰上放置 30 min。
3. 将盛有感受态细胞和外源 DNA 的离心管置于 42 ℃的水浴锅中热激 90 s,然后在冰上放置 5 min。
4. 在超净工作台上,向离心管中加入 700 μL 无抗 LB 液体培养基,然后置于 37 ℃,150 r/min 的摇床中孵育 60 min,使受体菌恢复正常生长状态,并使转化体表达抗生素基因产物。
5. 将孵育大肠杆菌的离心管置于高速离心机中,在 7 000 r/min、室温条件下离心 3 min。
6. 在超净工作台上,用移液枪吸去部分上清液(留 100 μL 左右即可),然后用移液枪轻轻吹打使菌体充分溶解。
7. 吸取全部菌液到带有抗生素筛选功能的 LB 固体培养基上(对于可以通过蓝白斑筛选的质粒和菌株,需在培养基表面涂布 IPTG 和 X-gal),用无菌的涂布棒将菌液均匀涂布在培养基上,使菌体充分分散,以便产生单菌落。
8. 待涂布于培养基上的菌液干燥后,用封口膜密封培养皿,置于 37 ℃培养箱中倒置培养 12~16 h,待菌落生长良好而又未互相重叠时停止培养,对于可以通过蓝白斑筛选的质粒和菌株,此时应该能清楚地看到蓝色和白色菌落。

五、注意事项

1. 在 100 μL 感受态细胞悬液中加入体积不超过 10 μL 的质粒 DNA 或连接产物,如果加入的外源 DNA 量过多或体积过大,则会使转化率下降。

2.42 ℃热激时注意保持静止状态。

3.玻璃棒经酒精灯火焰烧过后稍微凉一下再涂布菌液,以免烫死转化菌。

六、思考题

1.为何要先加少量无抗 LB 液体培养基复苏大肠杆菌?

2.影响大肠杆菌转化效率的因素有哪些?

七、参考文献

[1] 代军.大肠杆菌感受态细胞制备及转化条件优化[J].江苏农业科学,2015,43(4):53-54.

实验 1-9 菌落 PCR 筛选重组子

一、实验原理

常规 PCR 需要专门制备 DNA 模板,再进行 PCR 扩增。而菌落 PCR 可直接以单个菌落为模板加入 PCR 反应液,省去了抽提模板 DNA 这一步,通过特异性引物或质粒多克隆位点两侧的通用引物,快速鉴定菌落是否含有重组质粒,操作简单,大大节约了时间和成本,是一种常用的初筛重组子的方法。

二、实验目的

掌握菌落 PCR 技术筛选重组子的方法。

三、实验材料、仪器、试剂

1.实验材料:LB 培养基上培养出的单菌落、PCR 管、灭菌牙签、封口膜、记号笔、一次性枪头和手套、1.5 mL 离心管、三角瓶等。

2.实验仪器:PCR 扩增仪、恒温培养箱、台式高速离心机、超净工作台、低温冰箱、制冰机、微量移液枪、电泳仪、凝胶成像系统。

3.实验试剂:引物、*Taq* 酶、ddH$_2$O、10×Buffer(含有 Mg^{2+})、10 mmol/L dNTPs、琼脂糖、Golden View 核酸染料、DNA marker、TAE 电泳缓冲液、80% 甘油、抗生素、液氮。

四、实验方法步骤

1. 在冰上配制 PCR 反应液于 PCR 管中，体系见表 1.13。

表 1.13　PCR 反应体系

试剂	用量/μL
ddH$_2$O	18.8
10×Buffer(含有 Mg^{2+})	2.5
10 mmol/L dNTPs	0.5
上游引物(10 μmol/L)	1
下游引物(10 μmol/L)	1
Taq 酶	0.2

2. 在超净台上，向每支 PCR 管中加入 10 μL 无菌 ddH$_2$O，用 10 μL 一次性枪头的尖部轻轻蘸取单菌落，然后将枪头放入盛有 10 μL 无菌 ddH$_2$O 的 PCR 管中，将菌液用移液枪轻轻混匀，从中吸取 1 μL 加入上述已经分装好的用于 PCR 反应的 PCR 管中，将盛有菌液的 PCR 管和用于 PCR 反应的 PCR 管分别做好标记，并做到一一对应。

3. 将混匀的用于 PCR 反应的 PCR 管低速离心 30 s，放入 PCR 仪中，按照合适的程序进行 PCR 扩增。

4. PCR 结束后进行琼脂糖凝胶电泳，根据电泳条带大小判断是否包含重组质粒，筛选对应标记的重组菌。

5. 在超净工作台上，用无菌枪头(100 μL 枪头较合适)吸取少量 LB 培养液，加入盛有重组菌液的 PCR 管中，轻轻吹打几次使菌液混匀，然后将该 PCR 管中的全部菌液加入盛有适量包含抗生素的 LB 液体培养基的 50 mL 三角瓶中，于恒温摇床中，250 r/min，37 ℃振荡培养 16 h。

6. 在超净工作台上，用无菌枪头吸取 750 μL 扩大培养后的重组菌液于 1.5 mL 离心管中，再加入 250 μL 80%甘油，盖紧盖子，做好标记并充分混匀，液氮速冻后放入−80 ℃冰箱中保存备用，剩余菌液用于后续质粒提取和测序验证。

五、注意事项

挑单菌落、转接扩大培养等操作在超净台上进行，注意防止杂菌污染。

六、思考题

1. 菌液作为模板加入 PCR 反应液时，为什么不宜过多？
2. 如何减少菌落 PCR 的假阳性？

七、参考文献

[1] 李静.SlHXK1基因在番茄生长发育中的功能研究[D].重庆:重庆大学,2023.

实验 1-10　重组质粒 DNA 的提取

一、实验原理

碱裂解法是一种常用的质粒 DNA 提取方法,原理是:根据质粒 DNA 与染色体 DNA 的拓扑学结构差异来分离。在高 pH 值的强阴离子去垢剂 SDS 处理下,细菌的细胞膜被破坏,染色体 DNA 和质粒 DNA 被释放出来,染色体 DNA 的氢键断裂,双螺旋结构解开变性,并缠绕附着在细胞碎片上。质粒 DNA 的大部分氢键也断裂,但超螺旋共价闭合环状结构的两条互补链不会完全分离。当加入 pH=5.2 的乙酸钾高盐缓冲液使酸碱度恢复至中性时,共价闭合环状质粒 DNA 复性快,线性的染色体 DNA 不能复性而是与变性的蛋白和细胞碎片缠绕形成网状结构。同时 SDS 与蛋白质结合并使其变性,通过离心除去变性蛋白、染色体 DNA 和细胞碎片,这样就可以从上清液中回收复性的质粒 DNA。

二、实验目的

1. 掌握碱裂解法提取质粒 DNA 的原理和方法。
2. 了解琼脂糖凝胶电泳检测提取质粒 DNA 的完整性。

三、实验材料、仪器、试剂

1. 实验材料:包含重组质粒的菌液、一次性枪头、1.5 mL 离心管。
2. 实验仪器:移液器、台式离心机、制冰机。
3. 实验试剂:Buffer A、Buffer B、Buffer C、异丙醇、70%乙醇、琼脂糖、溴酚蓝、核酸染料、0.5×TAE 缓冲液。

Buffer A(500 mL):分别量取表 1.14 所示的各溶液置于 500 mL 烧杯中,充分混匀,并用高温灭菌锅于 121 ℃高温高压灭菌 20 min,于 4 ℃保存(使用前每 50 mL Buffer A 中加入 2 mL RNaseA)。

表 1.14　Buffer A(500 mL)组分

组分	体积/mL
1 mol/L Tris-HCl(pH=8.0)	12.5

续表

组分	体积/mL
0.5 mol/L EDTA(pH=8.0)	10
1.11 mol/L 葡萄糖	22.5
ddH$_2$O	455

Buffer B(200 mL):准确量取表 1.15 所示的各溶液置于 200 mL 烧杯中,用 ddH$_2$O(或去离子水)定容至 200 mL,并充分混匀,室温条件下保存,保存时间不能超过一个月(注意:SDS 易产生气泡,搅拌过程中不要过于剧烈)。

表 1.15　Buffer B(200 mL)组分

组分	体积/mL
10% SDS	20
2 mol/L NaOH	20

Buffer C(200 mL):称量表 1.16 所示的各试剂置于 200 mL 烧杯中,加入 100 mL ddH$_2$O(或去离子水)后搅拌,使其充分溶解,再用 ddH$_2$O 定容至 200 mL,121 ℃ 高温高压灭菌 20 min,于 4 ℃ 保存。

表 1.16　Buffer C(200 mL)组分

组分	质量或体积
醋酸钾	58.8 g
醋酸	23 mL

四、实验方法步骤

1.将包含重组质粒的菌液加入 1.5 mL 的离心管中,13 000 r/min、室温条件下高速离心 1 min,弃上清液。

2.菌体沉淀重悬浮于培养液,13 000 r/min、室温条件下高速离心 1 min,弃上清液,重复此步骤 3 次。

3.加入 250 μL Buffer A,用移液枪反复吹打(或在离心管架上来回刮动)混匀。

4.加入 250 μL Buffer B,轻轻颠倒 5~10 次,在常温下放置 8~10 min。

5.加入 350 μL Buffer C,轻轻颠倒 5~10 次,置于冰上 10~15 min,离心机预冷到 4 ℃。

6.在 4 ℃ 条件下,13 000 r/min 高速离心 15 min,用移液枪吸取上清液(600 μL)转移到新的 1.5 mL 的离心管中,加入等体积(600 μL)的冰异丙醇,在冰上静置 30~60 min 或在 -40 ℃

下静置 10 min。

7. 在 4 ℃条件下,13 000 r/min 高速离心 15 min,去掉上清液,13 000 r/min 离心 30 s,用移液枪去掉残留液。

8. 加入 500 μL 70% 乙醇,清洗(用移液枪轻轻吹打)后,在室温条件下,13 000 r/min 高速离心 1 min,弃上清液,重复此步骤 2 次,最后用移液枪将残留液吸干净。

9. 将离心管置于 37 ℃条件下烘干,加入 50~100 μL 无菌 ddH$_2$O,用手指轻轻拨动离心管的管底,使质粒 DNA 充分溶解,−20 ℃保存。

10. 对所提取的质粒 DNA 用 1.5% 的琼脂糖凝胶、0.5×TAE 缓冲液电泳检测质量。

五、注意事项

1. 收集菌体的量以能够充分裂解为佳,菌体过多、裂解不充分会降低质粒的提取效率。

2. 质粒提取使用的 Buffer A 主要是悬浮菌体,Buffer B 裂解菌体,Buffer C 主要是中和溶液至中性,以利于质粒 DNA 复性。因此,加入 Buffer B 后要温和地混合,不要剧烈振荡,以免染色体 DNA 断裂污染质粒,处理时间不宜太长,避免质粒受到破坏。

六、思考题

1. 哪些因素会影响质粒 DNA 的提取效果?
2. 质粒 DNA 经琼脂糖凝胶电泳后可见几条带? 分别代表什么?

七、参考文献

[1] 张海涛,刘慧明,丁航,等. 分子生物学教学实验中质粒提取原理与电泳图谱的探讨[J].
生物学杂志,2008,25(6):74-75.

实验 1-11 重组质粒 PCR 和酶切验证

一、实验原理

重组质粒是外源基因片段连接到空载体的多克隆位点中间形成的,在提取重组质粒和自连载体 DNA 后可以经琼脂糖凝胶电泳初步比较质粒分子量的大小;重组质粒 DNA 分子量因大于自连载体 DNA,迁移速度慢一些,但还需要进行质粒 PCR 和酶切验证。

质粒 PCR 根据载体多克隆位点两侧序列设计一对引物,分别以自连载体、重组质粒 DNA 为模板进行 PCR 扩增,自连载体扩增片段大小为空载体多克隆位点两侧引物之间的碱基数量,而重组质粒 DNA 扩增片段大小为空载体多克隆位点两侧引物之间的碱基数量加上外源基因片段。此外,还可以根据外源基因片段设计一对特异引物,只有重组质粒才能扩增出相应的外源基因片段,空载体无扩增产物,由此可以区别重组质粒和自连质粒。

质粒酶切是根据载体多克隆位点序列选择合适的限制性内切酶,在合适的酶切条件下,重组质粒可以酶切出外源基因片段和线性化的空载体片段,而自连质粒只能酶切成线性化的空载体片段。

二、实验目的

1. 学习并掌握限制性内切酶酶切体系的建立和操作。
2. 掌握区分重组质粒、空质粒 PCR 和酶切产物的方法。

三、实验材料、仪器、试剂

1. 实验材料:空载体 DNA、重组质粒 DNA、记号笔、PCR 管、离心管、三角瓶、一次性枪头和手套。
2. 实验仪器:PCR 仪、移液枪、制冰机、水浴锅、电泳仪、水平式电泳装置、凝胶成像系统、微波炉、电子天平。
3. 实验试剂:Taq 酶、10 mmol/L dNTPs、模板 DNA、ddH$_2$O、10×Buffer(含有 Mg^{2+})、限制性内切酶、10×Quick Buffer、琼脂糖、核酸染料、DNA marker、电泳缓冲液、溴酚蓝。

四、实验方法步骤

1. 根据外源插入基因片段设计一对特异引物,在冰水上配制 PCR 反应液,反应体系见表1.17。低速离心 30 s,放进 PCR 仪中,按照合适的 PCR 程序。分别以空质粒或重组质粒为模板进行 PCR 扩增。

表 1.17 PCR 反应体系(25 μL)

试剂	用量/μL
ddH$_2$O	18.8
10×Buffer(含有 Mg^{2+})	2.5
10 mmol/L dNTPs	0.5
上游引物(10 μmol/L)	1
下游引物(10 μmol/L)	1
质粒(10 ng/μL)	1
Taq 酶	0.2

2.根据载体多克隆位点选择合适的限制性内切酶进行酶切,以 Hind Ⅲ 和 Xba Ⅰ 为例,酶切体系见表1.18。质粒用量(x μL)根据质粒浓度测定计算确定。37 ℃,酶切 2～3 h。空质粒或重组质粒分别采用表1.18所示的酶切体系进行酶切。

表1.18　酶切体系(50 μL)

试剂	用量/μL
质粒(1～2.5 μg)	x
Hind Ⅲ	2
Xba Ⅰ	2
10×Quick Buffer	5
ddH$_2$O	41-x

3.将质粒 PCR 产物、酶切产物和 DNA marker 分别上样,琼脂糖凝胶电泳,紫外灯下观察空质粒或重组质粒 PCR 和酶切结果。

4.重组质粒 PCR 有单一扩增条带(分子量与插入 DNA 大小一致),空质粒没有 PCR 扩增产物。

5.重组质粒能够酶切产生两条带,其中一条带为线性空载体,另一条为插入的外源 DNA,而自连空质粒酶切后只产生一条线性空载体带。

五、注意事项

1.进行 PCR 和酶切之前要测定质粒 DNA 的浓度,这样才能在 PCR 反应体系和酶切体系中加入适量的质粒 DNA,特别是在酶切体系中,质粒 DNA 不能过量,否则会影响酶切效率。

2.同步双酶切是一种常用的省时省力的方法。如果采用的是慢切酶,选择能让两种酶同时作用的最佳缓冲液是非常重要的一步。能在最大限度上保证两种酶活性的缓冲液即可用于双酶切。由于内切酶在非最佳缓冲液条件下的切割速率会减缓,因此使用时可根据每种酶在非最优缓冲液中的具体活性调整相应的酶量和反应时间。

六、思考题

1.哪些因素会影响质粒酶切效率?

2.对于酶切温度不同的双酶切实验如何操作?

七、参考文献

[1] 邓磊.番茄 SlSGR1 和 SlNIP7 基因的功能研究[D].重庆:重庆大学,2013.

第二章

表达载体构建

实验 2-1　RNAi 表达载体构建

一、实验原理

RNA 干扰(RNAi)是一种由短的双链 RNA(dsRNA)诱导的转录后基因沉默(post-transcriptional gene silencing, PTGS)机制,是一种真核生物中进化上高度保守的生物学机制。在 RNAi 途径中,dsRNA 或发夹结构 RNA(hpRNA)被 Dicer 酶加工成 21～23 个核苷酸长的小 RNA 双链体(siRNA)。siRNA 的一条链(引导链)被纳入 RNA 诱导的沉默复合物(RNA-induced silencing complex, RISC)中,另一条链(乘客链)通常被降解。RISC 利用引导链的序列特异性识别并结合到互补的 RNA 上,然后切割 mRNA,导致 mRNA 降解,从而阻断靶基因表达,使细胞出现靶基因功能缺失的表型。

由于体外合成的 siRNA 进入细胞后容易被降解,持续时间较短,因此出现了依赖质粒介导的体内 siRNA 的表达。通过克隆合成编码 siRNA 的 DNA 模板,将模板插入 RNAi 载体中依赖 RNA 聚合酶Ⅲ(pol Ⅲ)启动子的下游,可高效、稳定地转录和加工出 siRNA。重组的 RNAi 载体进一步通过遗传转化获得转基因系,即可用于后续基因功能研究或基因工程应用。

二、实验目的

掌握利用中间载体 pHANNIBAL 和植物表达载体 pBIN19 构建靶基因的 RNAi 表达载体的方法。

三、实验材料、仪器、试剂

1.实验材料:大肠杆菌 DH 5α 感受态细胞、含有靶基因片段的克隆载体、中间载体 pHAN-

NIBAL(图2.1),表达载体 pBIN19(图2.2)。

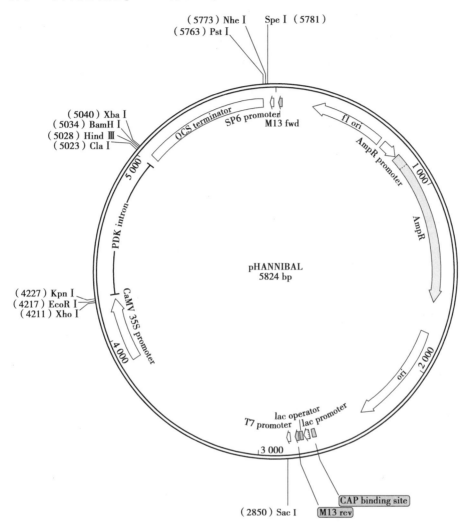

图2.1　pHANNIBAL 中间载体质粒图谱

2.实验仪器:PCR 仪、电泳仪、金属浴、37 ℃培养箱、恒温摇床、核酸微量测定仪。

3.实验试剂:质粒提取试剂盒、DNA 纯化试剂盒、高保真酶 PrimeSTAR 等 PCR 扩增相关试剂、限制性内切酶、T4 DNA 连接酶或 TaKaRa DNA 连接试剂盒。

四、实验方法步骤

以含有靶基因片段的克隆载体为模板,用设计的带有限制性酶切位点的引物进行 PCR 扩增,得到并纯化两端带有限制性酶切位点的目的基因片段。

1.连正向目的基因片段。

(1)使用自己设定的内切酶,参照限制性内切酶的使用说明,分别对目的基因片段和

pHANNIBAL 进行酶切,酶切体系一般为 50 μL,常规酶的反应温度和时间一般为 37 ℃,8～12 h,快切酶的反应温度和时间一般为 37 ℃,3 h(部分酶的最适酶切温度不一定为 37 ℃,需要查阅说明书,按照说明书进行操作,酶切的方法参见实验 1-11)。

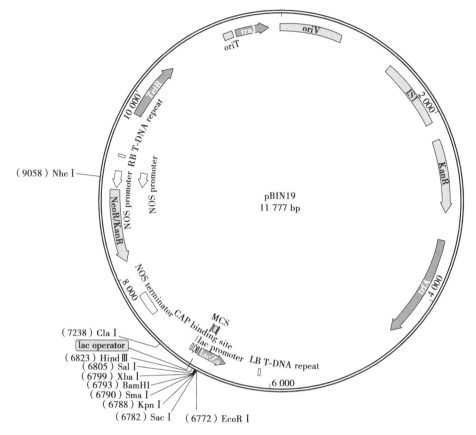

图 2.2　pBIN19 表达载体质粒图谱

(2)经限制性内切酶处理后,按照 DNA 纯化试剂盒说明书对酶切产物进行纯化。

(3)使用核酸微量测定仪对纯化产物进行浓度测定,并使用 T4 DNA 连接酶或 Solution Ⅰ(TaKaRa DNA 连接试剂盒)将目的基因片段连接到中间载体 pHANNIBAL 的正向位置上(4 ℃连接过夜,或者 16 ℃、8 h,25 ℃、3 h,操作方法参见实验 1-6)。

(4)连接产物通过细菌转化实验转入大肠杆菌感受态细胞,在生化培养箱中 37 ℃倒置培养 16 h(具体操作方法参见实验 1-8)。

(5)挑取单菌落并做菌落 PCR 扩增,筛选到重组菌、摇菌、保菌、送样测序、提质粒,得到连接了正向目的基因片段的质粒 pHANNIBAL-gene(具体操作方法参见实验 1-9 和实验 1-10)。

2. 连反向目的基因片段。

选择测序结果正确的连接了正向目的基因片段的质粒 pHANNIBAL-gene,使用自己设定的限制性内切酶,参照限制性内切酶的使用说明,分别对目的基因片段和已经连接了正向目的基因片段的质粒 pHANNIBAL-gene 进行酶切、连接、转化等实验操作,操作步骤参照"连正向目的基因片段"步骤中的(2)、(3)、(4)、(5),最终得到正确的连接了正向和反向目的基因片段的质粒 gene-pHANNIBAL-gene。

3. RNAi 表达盒连接表达载体 pBIN19:

使用限制性内切酶将测序正确的已经连接了正向和反向目的基因片段的质粒 gene-pHANNIBAL-gene 和 pBIN19 质粒分别进行双酶切,然后将包含正向和反向目的基因片段的表达盒连接到 pBIN19 质粒多克隆位点,经细菌转化获得 RNAi 载体 gene-pBin19,具体操作步骤参照连正向步骤中的(2)、(3)、(4)、(5)。

示例:

以 *LeEIN5* 基因为例,用图示说明沉默载体构建(图 2.3):

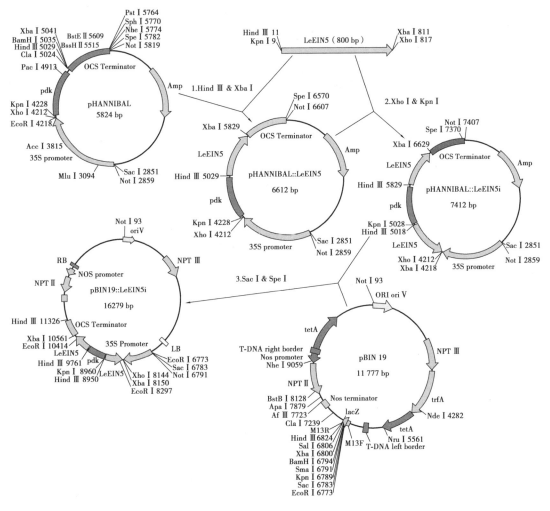

图 2.3 *LeEIN5* 沉默载体构建示意图

五、注意事项

1. 挑选目的基因片段时需在数据库中进行同源性比对,保证 siRNA 的序列特异性。

2. 根据沉默靶基因的特异序列长度选择长度合适的目的基因片段来构建沉默载体,长度以 300～500 bp 为宜。

六、思考题

RNAi 技术与反义核酸技术有何差异?

七、参考文献

[1] WATANABE Y. Overview of plant RNAi[J]. Methods in Molecular Biology,2011(744):1-11.

实验 2-2 超表达载体构建

一、实验原理

通过克隆目的基因的全长编码(CDS)序列,将其插入超表达载体中启动子下游的多克隆位点,即可高效、稳定地转录出目的基因 mRNA,提高目的基因的表达水平。另外,根据实验目的,可更换目的基因上游的启动子序列,构建组织特异性诱导表达的表达载体,研究目的基因在特定组织或者诱导条件下的表达水平和生物学功能。

二、实验目的

克隆目的基因全长编码(CDS)序列,构建花椰菜花叶病毒(CaMV)的 35S 启动子控制下植物目的基因的超表达载体。

三、实验材料、仪器、试剂

1. 实验材料:大肠杆菌 DH5α 感受态细胞、番茄组织 cDNA、表达载体 pBI121(图 2.4)。
2. 实验仪器:PCR 仪、电泳仪、金属浴、37 ℃培养箱、核酸微量测定仪。
3. 实验试剂:质粒提取试剂盒、DNA 纯化试剂盒、高保真酶 PrimeSTAR 等 PCR 扩增相关试剂、限制性内切酶、T4 DNA 连接酶或 TaKaRa DNA 连接试剂盒。

四、实验方法步骤

1. 基因全长(开放阅读框 ORF)扩增:以高保真酶 PrimerSTAR、番茄组织 cDNA(一般选取表达模式中该基因表达量高的组织)为模板,以带 Xba Ⅰ酶切位点的前引物,带 Sac Ⅰ酶切位

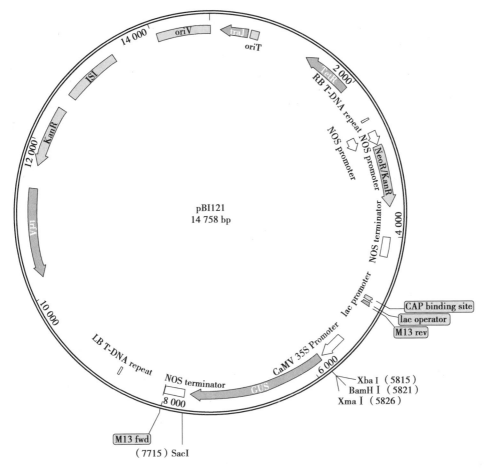

图 2.4 pBI121 超表达载体质粒图谱

点的后引物扩增目的基因全长编码(CDS)序列,经 PCR 扩增产物测序验证序列的正确性。

2. 酶切:使用限制性内切酶 Xba Ⅰ+Sac Ⅰ分别对 PCR 扩增产物和 pBI121 质粒进行酶切,参照限制性内切酶的使用说明,酶切体系一般为 50 μL(具体操作步骤参见实验 1-11)。

3. 纯化:按照 DNA 纯化试剂盒说明书分别纯化上述酶切产物。

4. 连接:使用核酸微量测定仪对纯化产物进行浓度测定,然后使用 T4 DNA 连接酶或 Solution Ⅰ(TaKaRa DNA 连接试剂盒)将目的片段连接到 pBI121 载体上(4 ℃连接过夜,或者 16 ℃、8 h,25 ℃、3 h,操作方法参见实验 1-6)。

5. 转化:连接产物通过细菌转化实验转入大肠杆菌感受态细胞,在生化培养箱中 37 ℃倒置培养 16 h(具体操作方法参见实验 1-8)。

6. 挑菌及重组菌的筛选和保存:挑取单菌落并做菌落 PCR 扩增,筛选重组菌,摇菌、保菌、送测序、提质粒,得到连接了目的基因的 pBI121-gene 质粒(具体操作方法参见实验 1-9 和实验 1-10)。

示例:

以 *SlMADS*5 基因为例,利用图示说明超表达载体构建(图 2.5)。

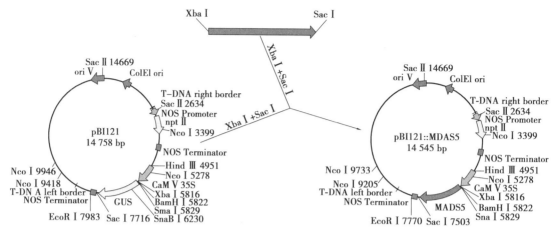

图 2.5 *SlMADS*5 超表达载体构建图

五、注意事项

1. mRNA 的 5′和 3′非编码区(UTR)对 mRNA 的稳定性和翻译效率具有重要的调控作用。因此,在克隆基因全长(开放阅读框 ORF)时,要适当地保留 5′和 3′非编码区序列。

2. 采用高保真酶 PCR 扩增目的基因的全长编码(CDS)序列,并测序验证序列的正确性,确保表达出氨基酸序列正确的蛋白质。

六、思考题

如何构建多个基因的超表达载体?

七、参考文献

[1] 周升恩. 两个番茄转录因子 *SlOFP*20 和 *SlGT*16 在生长发育中的功能研究[D]. 重庆:重庆大学, 2020.

实验 2-3　敲除载体构建

一、实验原理

CRISPR-Cas9(Clustered regularly interspaced short palindromic repeats(CRISPR)/CRISPR-associated nuclease 9)是古细菌和细菌在与噬菌体抗争的进化过程中逐渐形成的一种适应性免疫防御机制,可用来对抗外源入侵的 DNA 和病毒。CRISPR-Cas9 系统将入侵质粒 DNA 和噬

菌体的片段整合到 CRISPR 中,并利用相应的 crRNA(CRISPR-derived RNAs)通过碱基互补配对方式与 tracrRNA(trans-activating RNA)结合形成 crRNA/tracrRNA 复合物,该复合物能够引导具有核酸酶活性的 Cas9 蛋白在与 crRNA 配对的序列靶位点剪切双链 DNA,导致同源核苷酸序列降解,进而提供免疫性。

在基因组学研究中,CRISPR-Cas9 由于具有基因编辑技术效率高、成本低等优势,因此被称为"基因魔剪"。利用 CRISPR-Cas9 高效切割靶标双链 DNA 分子,以及细胞体内非同源末端连接修复(non-homologous end joining repair,NHJR)的机制,即可在切割位点随机插入或删除 1~2 bp 的核苷酸序列,引起编码序列的移码突变(frame shift mutation),造成基因翻译早期出现严重错乱或翻译提前终止,实现该基因的完全敲除。因此,在植物学研究中,利用高效的 CRISPR-Cas9 基因编辑载体,通过设计和更换靶标基因特异的 Guide RNA,即可完成靶标基因特异的单靶点敲除载体构建(图 2.6)。同时,在单靶点敲除载体的基础上,通过不同策略来串联两个 sgRNA(single-guide RNA),例如串联两个 sgRNA 表达盒或者通过 tRNA 串联 sgRNA 等,即可完成双靶点敲除载体构建。单靶点敲除载体主要应用于单个编码基因的移码突变,而双靶点敲除载体可以同时敲除两个靶标基因,也可以应用于单个编码基因或者非编码基因的大片段删除。

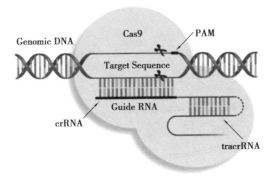

图 2.6　CRISPR-Cas9 系统

二、实验目的

1. 掌握单靶点敲除载体的构建方法。
2. 掌握双靶点敲除载体的构建方法。

三、实验材料、仪器、试剂

1. 实验材料:大肠杆菌 DH5α 感受态、pKSE401 质粒(图 2.7)。
2. 实验仪器:PCR 仪、电泳仪、金属浴、37 ℃培养箱。
3. 实验试剂:质粒提取试剂盒、DNA 纯化试剂盒、PCR 扩增相关试剂、*Bsa* Ⅰ、10×Cut Smart Buffer、T4 DNA 连接酶、ddH$_2$O、T4 Buffer。

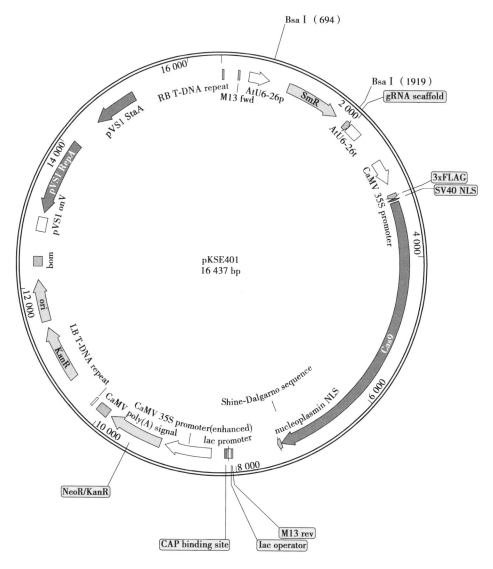

图 2.7　敲除载体 pKSE401 质粒图谱

四、实验方法步骤

（一）单靶点敲除载体构建

通过美国国家生物技术信息中心（National Center for Biotechnology Information，NCBI）或者物种基因组数据库（如茄科基因组数据库），获得目的基因的基因组序列。

按照以下原则选择目的基因的敲除位点：

①切割位点（PAM 序列往前 3 bp 的位点）必须在 CDS 上。注意：少数情况下，20 个核苷酸的 gRNA 序列中可以包含 5′UTR 或者内含子序列，但是切割位点必须在 CDS 上。

②敲除位点离翻译起始位点 ATG 越近越好，这样 CDS 移码后得到的突变蛋白就越短。注

意:靶点一定要在保守的功能结构域对应的 DNA 序列的前面,保证完全破坏该功能结构域,避免造成功能获得型突变。

③优先选择以"G"开头的 gRNA 序列。

④GC 碱基含量为 40% ~60%。

⑤on-target 分值尽量高,off-score 分值尽量低且潜在脱靶位点相对少。

⑥sgRNA 二级结构中,gRNA 与其余序列不能超过连续 8 碱基的配对。

⑦不能有连续 4 个 TTTT 序列。

其中①为必须遵循的原则;②—⑤为综合判断指标,且权重递减;⑥—⑦为需要避免的地方。

下面以双子叶植物为例,介绍 gRNA 序列的合成及单靶点敲除载体构建。

(1)靶位点序列起始为 G 时,引物合成如下:

Gene-sg-F:5′-ATTGNNNNNNNNNNNNNNNNNNN-3′

Gene-sg-R:5′-AAACNNNNNNNNNNNNNNNNNNN-3′

其中 N 为 19 个。

(2)靶位点序列起始不为 G 时,引物合成如下:

Gene-sg-F:5′-ATTGNNNNNNNNNNNNNNNNNNNN-3′

Gene-sg-R:5′-AAACNNNNNNNNNNNNNNNNNNNN-3′

其中 N 为 20 个。

(3)获得 DNA 靶序列片段:靶序列前后引物(5 pmol)各 10 μL,共 20 μL 体系反应。反应条件为:95 ℃、30 s,50 ℃、30 s,4 ℃保存。

(4)载体酶切(表 2.1):

表 2.1　酶切体系

试剂	加入量	终浓度
10×Cut Smart Buffer	5 μL	1×
pKSE401 质粒	2 μg	40 ng/μL
Bsa I	10 U	0.1 ~0.2 U/μL
ddH$_2$O	补充到 50 μL	—

37 ℃酶切 1 ~2 h,电泳检测。

(5)纯化:按照 DNA 纯化试剂盒说明书分别纯化上述酶切产物。

(6)连接:使用核酸微量测定仪对纯化产物进行浓度测定,然后使用 T4 DNA 连接酶或 Solution I 将 DNA 靶序列片段连接到 pKSE401 质粒上(操作方法参见实验 1-6)。连接体系见表 2.2。

表 2.2　连接体系

试剂	加入量（质量或体积）
pKSE401 酶切产物	60 ~ 80 ng
T4 Buffer	1 μL
T4 DNA 连接酶	1 μL
DNA 靶序列片段	3 ~ 7 μL
ddH$_2$O	补充到 10 μL

（7）转化：连接产物通过细菌转化实验转入大肠杆菌 DH5α 感受态细胞，在生化培养箱中 37 ℃倒置培养 16 h（具体操作方法参见实验 1-8）。

（8）挑菌及重组菌筛选和保存：挑取单菌落并做菌落 PCR 扩增，PCR 引物序列见表 2.3，筛选重组菌，摇菌、保菌、送测序、提质粒，得到连接了靶标序列的 pKSE-401-Target 质粒（具体操作方法参见实验 1-9 和实验 1-10）。

表 2.3　PCR 扩增及测序引物序列

引物名	序列
U6-26p-F	TGTCCCAGGATTAGAATGATTAGGC
U6-26t-R	CCCCAGAAATTGAACGCCGAAGAAC

单靶点敲除载体构建示例如图 2.8 所示。

（二）双靶点敲除载体构建

本实验以串联 sgRNA 表达盒的策略来构建双靶点敲除载体，其中第一步需构建双靶点辅助载体 pDT1T2。首先通过 Overlap PCR 扩增获得 gRNA-ScAtU6-26tSlU6-26p 融合片段，并将该融合片段连接到 T 载体进行测序验证和保存。融合片段连接 T 载体后的重组载体即为双靶点辅助载体 pDT1T2。参考序列如下：

GTTTTAGAGCTAGAAATAGCAAGTTAAAATAAGGCTAGTCCGTTATCAACTTGAAAAAGTGG
CACCGAGTCGGTGCTTTTTTTTGCAAAATTTTCCAGATCGATTTCTTCTTCCTCTGTTCTTCGGCGTT
CAATTTCTGGGGTTTTCTCTTCGTTTTCTGTAACTGAAACCTAAAATTTGACCTAAAAAAAATCTC
AAATAATATGATTCAGTGGTTTTGTACTTTTCAGTTAGTTGAGTTTTGCAGTTCCGATGAGATAAA
CCAATAATAAATCTTTTTAATTTATAGTATATTTATGTAAGTTTTCACGTTGAGTAAAATAGCGAAG
AAGTTGGGCCCAACCAAGTAAAATAAGAAGGCCGGGCCATTACAATTAAGTCGTCACACAACTG
GGCTTCATTGAAAAAGCGCAAACCGATTCCAGGCCCGTGTTAGCATGAAGACTCAACTCAACC
AGAGATTTCTCCCTCATCGCTTACAGAAAAAGCTATATGCTGTTTATATTGCGAATCTAACAGTG
TAGTTTG

按照表 2.4 中引物构建 pDT1T2，步骤如下：

（1）通过引物 F1+R1，以 pKSE401 质粒为模板，扩增 sgRNA ScAtU6-26t 片段。

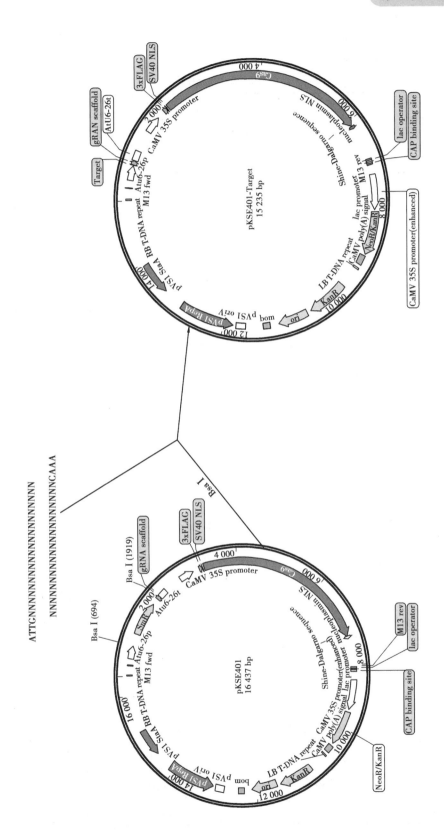

图2.8 单靶点敲除载体构建

（2）通过引物 F2+R2，以番茄基因组为模板，扩增 SlU6-26p 的序列（高保真酶 PrimeSTAR 反应体系和条件详见实验 1-3）。

表 2.4　PCR 扩增引物及序列

引物名称	序列
F1	GTTTTAGAGCTAGAAATAGCAAGTTA
R1	TATAAATTAAAAAGATTTATTATTGGTTTATCTCATCGGAACTG
F2	TCCGATGAGATAAACCAATAATAAATCTTTTTAATTTATAGTATA
R2	CAAACTACACTGTTAGATTCGCAA

注：下划线部分为 20 bp 重叠片段。

（3）Overlap PCR（重叠 PCR）扩增，目标产物长度为 530 bp。

第一步 PCR 扩增反应体系见表 2.5。

表 2.5　反应体系

试剂	加入量（质量或体积）
步骤①纯化产物	100 ng
步骤②纯化产物	100 ng
PrimeSTAR Max（2×）	25 μL
ddH$_2$O	补充到 50 μL

PCR 扩增反应条件见表 2.6。

表 2.6　反应条件

循环数	温度/℃	时间	说明
1	98	3 min	预变性
	98	15 s	模板变性
10~15	60	15 s	退火
	72	60 s/kb	延伸

第二步 PCR 扩增反应体系见表 2.7。

表 2.7　反应体系

试剂	加入量（体积）
第一步反应体系	50 μL
引物 F1	2.5 μL

续表

试剂	加入量(体积)
引物 R2	2.5 μL
PrimeSTAR Max(2×)	5 μL

PCR 扩增反应条件见表2.8。

表2.8　反应条件

循环数	温度/℃	时间	说明
1	98	3 min	预变性
	98	15 s	模板变性
20～25	60	15 s	退火
1	72	60 s	延伸
	72	5 min	后延伸

(4)以(3)的产物纯化回收后加 A 尾连接 T 载体,测序及保存质粒菌株 pDT1T2(T 载体连接和测序详见实验1-6)。

双靶点敲除位点选择:

①依据单靶点载体构建中敲除位点选择的原则,挑选两个预测比较高效且脱靶概率小的位点构建双靶点载体,两个位点之间的距离建议为 80～500 bp;

②结合微同源性介导末端连接(microhomology-mediated end joining,MMEJ)的作用,挑选靶点。在线设计工具为 MMEJ-KO。

下面以双子叶植物为例,介绍引物合成。

CR-F:

ATATATGGTCTCGATTGNNNNNNNNNNNNNNNNNNNNGTTTTAGAGCTA

GAAATAGC(注:N 为靶点 1gRNA 的正向序列)

CR-R:

ATTATTGGTCTCGAAACNNNNNNNNNNNNNNNNNNNNCAAACTACACTGTTAGATTC(注:N 为靶点 2gRNA 的反向互补序列)

载体构建步骤:

(1)以 pDT1T2 质粒为模板,用引物 CR-F+CR-R 进行 PCR 扩增获得目的片段。

(2)载体 pKSE401 和目的片段分别经 Bsa Ⅰ 酶切纯化后,进行连接转化。Bsa Ⅰ 酶切体系可参照表2.1,连接转化具体操作方法参见实验1-8。

(3)挑菌及重组菌筛选和保存。菌落 PCR 引物见表2.3,具体操作方法参见实验1-9和实验1-10。

双靶点敲除载体构建示例如图2.9所示。

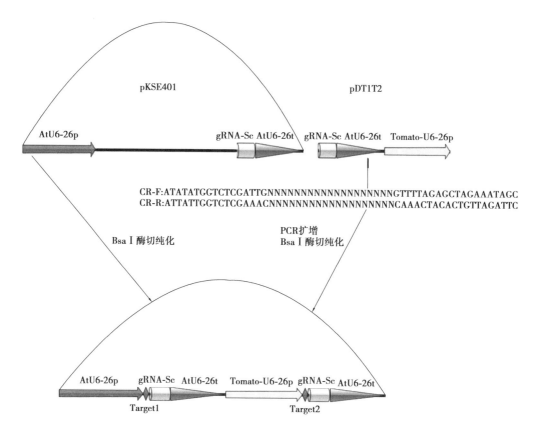

CR-F:ATATATGGTCTCGATTGNNNNNNNNNNNNNNNNNNNNGTTTTAGAGCTAGAAATAGC
CR-R:ATTATTGGTCTCGAAACNNNNNNNNNNNNNNNNNNNNCAAACTACACTGTTAGATTC

图 2.9　双靶点敲除载体构建

五、注意事项

基因敲除靶点需仔细分析和挑选,详见参考文献[2]。

六、思考题

如何进行多靶点敲除载体构建?

七、参考文献

[1] XING H L,DONG L,WANG Z P,et al. A CRISPR/Cas9 toolkit for multiplex genome editing in plants[J]. BMC Plant Biology,2014,14:327.

[2] LIU H,DING Y D,ZHOU Y Q,et al. CRISPR-P 2.0:An improved CRISPR-Cas9 tool for genome editing in plants[J]. Molecular Plant,2017,10(3):530-532.

[3] XIE X R,LIU W Z,DONG G,et al. MMEJ-KO:A web tool for designing paired CRISPR guide RNAs for microhomology-mediated end joining fragment deletion [J]. Science China Life Sciences,2021,64(6):1021-1024.

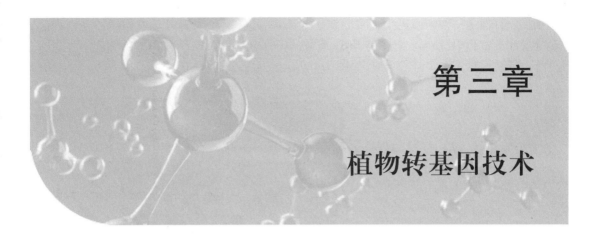

第三章
植物转基因技术

总实验原理

　　植物遗传转化是指外源基因转移到植物体内并稳定整合、表达与遗传的过程。常用方法有农杆菌介导法、基因枪法、花粉管通道法。

　　农杆菌介导法是一种优秀的遗传转化方法,具有材料范围广、转化率高、单拷贝比例高、转化子稳定等特点。农杆菌是一种普遍存在于土壤中的革兰氏阴性细菌,它能在自然条件下趋化性地感染大多数双子叶植物或裸子植物的受伤部位,并诱导产生冠瘿瘤或发状根。根癌农杆菌和发根农杆菌的质粒中有一段 T-DNA,农杆菌通过侵染植物伤口进入细胞后,可将T-DNA 插入植物基因组中。因此,农杆菌是一种天然的植物遗传转化体系。将目的基因插入经过改造的 T-DNA 区,借助农杆菌的感染实现外源基因向植物细胞的转移和整合。然后通过细胞和组织培养技术,再生出转基因植株,具体过程如图 3.1 所示。

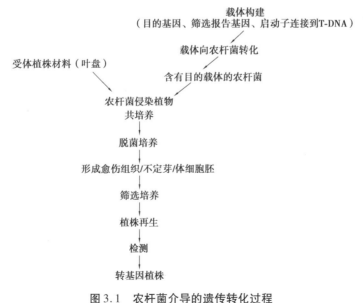

图 3.1　农杆菌介导的遗传转化过程

根癌农杆菌是一种能够侵染大多数双子叶植物,并在其侵染附近形成根瘤的土壤细菌。在诱导肿瘤的过程中,根癌农杆菌将其 Ti 质粒的一部分(T-DNA)转移到植物细胞中并表达。其介导的转化过程由许多阶段组成,如图 3.2 所示。

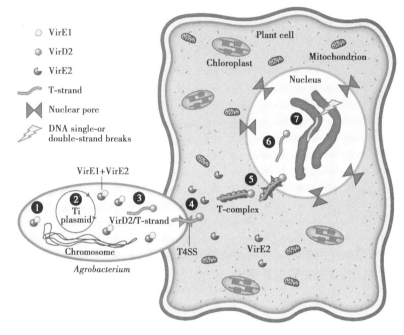

图 3.2　简化的农杆菌介导的植物转化过程模型

缩写:T-complex—VirD2/T-strand/VirE2 complex;T-DNA—转移 DNA;Ti 质粒—肿瘤诱导质粒;T-strand—转移 DNA 的单链形式;T4SS—Ⅳ型分泌系统;VIR—毒力基因;Vir—毒力效力蛋白。

①植物酚类和糖类分子被 Vira-Virg 双组分调节系统感知,导致 VIR 基因的诱导和 Vir 蛋白的产生;②VirD1 和 VirD2 在 T-DNA 片段的边界重复序列上剪断了 Ti 质粒的 T-DNA 区域;③VirD2 共价连接到一个 T 链的 5′端,形成 VirD2/T 链复合体;④VirD2/T-链和 Vir 效应器蛋白使用 T4SS 离开细菌,尽管在细菌中 VirE2 与 VirE1 相关联,但只有 VirE2 被运输到植物中;⑤在植物体内,病毒 E2 蛋白可能与 T-链结合,T-复合体穿过植物细胞质,通过核孔进入细胞核;⑥病毒 E2 蛋白从 T 链上解离;⑦T 链整合到植物染色体中,编码的转基因可以在那里表达。

所有致病的农杆菌菌株都含有肿瘤诱导(Ti)或根诱导(Ri)质粒,例如根癌农杆菌、葡萄农杆菌、鲁比农杆菌或发根农杆菌。Ti/Ri 质粒编码由植物释放的酚类物质诱导的毒力基因。VIR 的诱导可以在细菌附着到植物细胞之前或同时发生。诱导后,通过 VirD1 和 VirD2 的协同作用,将转移 DNA(T-DNA)从 Ti/Ri 质粒中加工出来。单链形式的 T-DNA 和毒力效应蛋白的转移是通过一系列步骤实现的:①通过诱导的Ⅳ型分泌系统将 T 链(由共价连接蛋白 VirD2 引导)和几个毒力效应蛋白转移到植物;②T 链和 Vir 蛋白/植物蛋白复合体通过植物细胞质运输到细胞核;③T 链和核导入,T-DNA 整合到植物基因组中并表达。虽然 T-DNA 编码的转基因可以在没有 T-DNA 整合到宿主细胞染色体的情况下瞬时表达,但转基因表达的稳定(稳定转化)需要 T-DNA 整合。所以植物可以通过外植体伤口,借助根癌农杆菌转化使外源基因在 T-DNA 和 VIR 基因的协助下与受体植物基因组相整合并在受体植物中表达产物,最终获得转基因植株。

注意：

①农杆菌介导的植物遗传转化涉及许多细菌和植物编码的蛋白质。

②T-DNA 的整合和转基因表达是农杆菌介导稳定转化的最后步骤。

③T-DNA 在植物基因组中的整合是随机的,基因座可能影响转基因表达。

④T-DNA 整合经常伴随着缺失、插入、DNA 填充和染色体易位。

⑤T-DNA 整合类似于 DNA 修复过程,但不需要这些修复过程涉及的蛋白。

⑥DNA 聚合酶 θ 是拟南芥中 T-DNA 整合所必需的。

参考文献

［1］GELVIN S B. Plant proteins involved in *Agrobacterium*-mediated genetic transformation［J］. Annual Review of Phytopathology,2010,48:45-68.

［2］GELVIN S B. Integration of *Agrobacterium* T-DNA into the plant genome［J］. Annual Review of Genetics,2017,51:195-217.

［3］BEIJERSBERGEN A,DULK-RAS A D,SCHILPEROORT R A,et al. Conjugative transfer by the virulence system of *Agrobacterium tumefaciens*［J］. Science,1992,256(5061):1324-1327.

实验 3-1　农杆菌感受态制备

一、实验原理

在利用根癌农杆菌介导的基因转化中,首先要获得含有目的基因的农杆菌工程菌株。在基因工程操作中,制备感受态细胞是一项基本技术。感受态是细菌细胞具有的一种能够接受外源 DNA 的特殊生理状态。农杆菌的感受态可以用 $CaCl_2$ 处理而诱导产生。将正在生长的农杆菌细胞加入低渗的 $CaCl_2$ 溶液中,0 ℃下处理便会使细菌细胞膜的通透性发生改变,此时的细胞呈现出感受态。

二、实验目的

掌握农杆菌感受态的制备方法。

三、实验材料、仪器、试剂

1. 实验材料:农杆菌 LBA4404、培养皿、离心管、移液枪、枪头。

2. 实验仪器:紫外分光光度计、离心机、超净工作台、灭菌锅。

3. 实验试剂:0.1 mol/L $CaCl_2$ 溶液、80% 甘油、YEB 培养基、链霉素(streptomycin,SM)、利福平(rifampin,Rif)。

四、实验方法步骤

1. 取 −80 ℃ 保存的 LBA4404 在 YEB(500 μg/mL SM+50 μg/mL Rif) 的固体培养基上划线,28 ℃ 培养 3 d。

2. 挑单菌落接种于 20 mL YEB(500 μg/mL SM+50 μg/mL Rif) 的液体培养基中 28 ℃,200 r/min,黑暗培养 1.5 d。

3. 取 1 mL 过夜培养菌液加入 100 mL YEB 液体培养基中,28 ℃,200 r/min,黑暗培养直到 $OD_{600} = 0.5 \sim 1.1 (5 \text{ h})$。

4. 在超净工作台上将 100 mL 培养物用 50 mL 离心管分装成两管,于冰上放置 15 min。

5. 5 000 r/min,4 ℃ 离心 8 min,在超净工作台上,打开离心管盖子,弃上清液。

6. 在超净工作台上,向离心管中加入预冷的 YEB 液体培养基,在冰水混合物中重悬菌体。

7. 4 500 r/min,4 ℃ 离心 10 min,在超净工作台上,打开离心管盖子,弃上清液。

8. 向离心管中加入 1.5 mL 预冷的 20 mmol/L $CaCl_2$ 和 500 μL 80% 甘油重悬(甘油终浓度为 20%),按每份 100 μL 分装,液氮速冻,−80 ℃ 存放备用。

五、注意事项

1. 活化的时候取少量菌液轻轻在培养基上划线,若取太多菌液则不容易长出单菌落。

2. 摇菌时要注意监控菌液的浓度,避免菌液浓度过高,可以平行摇两瓶,其中一瓶用来测浓度,避免污染。

3. 提前将 $CaCl_2$ 溶液和甘油放到冰箱中预冷。

六、思考题

1. 为什么要在培养基中加入 SM 和 Rif 抗生素?

2. 将菌液培养至 $OD_{600} = 0.5 \sim 1.1$ 的原因是什么?

七、参考文献

[1] 张林成. 番茄果实成熟特异转录因子 SlbHLH95 和 SlFSR 的功能研究[D]. 重庆:重庆大学,2020.

实验 3-2　农杆菌接合转移

一、实验原理

农杆菌需要处于适宜的生长状态,通常在诱导培养基中培养至对数生长期,然后通过改变培养条件,如温度、营养物质等,激活农杆菌的质粒转化能力。将质粒转入农杆菌的过程中需要 3 种细菌,即含有目的载体质粒的大肠杆菌供体菌,含有游动质粒 pRK2013 的大肠杆菌"协助"菌和根癌农杆菌受体菌。当这 3 种菌混合时,游动质粒 pRK2013 游动进入大肠杆菌内,提供游动和转移功能,把供体的质粒转移进根癌农杆菌内。该系统中供体的质粒需要带有一个特定的转移起始点和活化位点,以使协助质粒游动和转移的基因对它起作用,从而被驱动转移。为了实现质粒转化,需要选择合适的质粒载体。质粒载体一般包括选择标记基因和目标基因。选择标记基因可以使转化后的细胞表现出特定的性状,如抗生素抗性;目标基因则是需要转移和表达的外源基因。质粒转化农杆菌的主要机制是通过农杆菌的 Ti 质粒进行传递,Ti 质粒是一种环状 DNA 分子,携带有多个转移基因(T-DNA),可以被农杆菌转移至宿主细胞中。

二、实验目的

掌握双元载体转化到农杆菌 LBA4404 的方法。

三、实验材料、仪器、试剂

1. 实验材料:农杆菌 LBA4404、培养皿、离心管、移液枪、枪头。
2. 实验仪器:紫外分光光度计、离心机、超净工作台、灭菌锅。
3. 实验试剂:80% 甘油、YEB 培养基、LB 培养基、链霉素、利福平。

四、实验方法步骤

1. 将农杆菌 LBA4404 接种于 YEB(500 μg/mL SM+50 μg/mL Rif)固体筛选培养基上,黑暗培养 3 d,长出单菌落。
2. 构建好的植物表达载体(大肠杆菌),以及"协助"菌各自划线接种于 LB(50 μg/mL Kan①)固体筛选培养基上,37 ℃,倒置培养 16 h。

---

① 注:Kan,Kanamycin 的缩写,即卡那霉素,是一种抗生素,用于抑制其他杂菌的生长,以保证农杆菌的纯培养。

3. 将 LBA4404 单菌落、"协助"菌及构建好的植物表达载体单菌落接种于不含抗生素的 YEB 培养基上直径为 1 cm 的圆圈中(事先在培养皿底部中央画好圈),并涂布在一起,28 ℃黑暗倒置共培养 1 d,长出菌团。

4. 用接种环挑取 3 种菌体的混合物接种到新的 YEB(500 μg/mL SM+50 μg/mL Rif+50μg/mL Kan)固体培养基上划线培养筛选重组农杆菌,28 ℃黑暗培养 3 d。

5. 挑取单菌落,做菌落 PCR 验证,再次筛选重组农杆菌后,将目的农杆菌接种在 YEB(500 μg/mL SM+50 μg/mL Rif+50 μg/mL Kan)液体培养基中,28 ℃,200 r/min,黑暗培养 1.5 d。

6. 提取农杆菌质粒 DNA 进行质粒 PCR 验证和酶切验证,与之前构建好的大肠杆菌载体质粒及酶切结果对照跑胶,验证是否已经将构建好的植物表达载体转入农杆菌 LBA4404 中,重组目的农杆菌菌种与甘油混匀(750 μL 菌液+250 μL 80% 甘油),然后置于液氮速冻,-80 ℃保存备用。

五、注意事项

1. 重组目的农杆菌提取质粒时,由于农杆菌质粒浓度较低,收集菌体离心 5 次左右,以提高质粒浓度。

2. 最好选择传代次数少的培养菌株,并保存在-80 ℃或-20 ℃,不要使用在 4 ℃下多次转移或储存的培养菌株。

六、思考题

1. 如何鉴定质粒转化是否成功?
2. 影响质粒转化效率的因素有哪些?

七、参考文献

[1] 朱明库. 番茄 *SlNAC*4 和 *SlDEAD*31 基因在果实成熟及非生物胁迫响应中的功能研究[D]. 重庆:重庆大学,2015.

实验 3-3　拟南芥花序侵染转化

一、实验目的

掌握拟南芥花序侵染转化获得转基因植株的方法。

二、实验材料、仪器、试剂

1. 实验材料：含有目的载体的 LBA4404 农杆菌、野生型拟南芥 Col-0（图 3.3）。
2. 实验仪器：超净工作台、人工气候箱。
3. 实验试剂：YEB、MS 培养基、链霉素 SM、卡那霉素 Kan、利福平 Rif、头孢噻肟（Cefotaxime，Cef）、5%（W/V）的蔗糖溶液（100 mL 的 ddH$_2$O 加 5 g 蔗糖，新鲜配制，无须灭菌）、表面活性剂 0.05%（V/V）Silwet L-77。

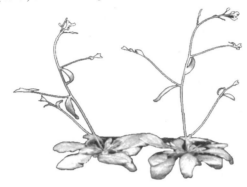

图 3.3 野生型拟南芥生长图例

三、实验方法步骤

1. 转化菌液制备和侵染（图 3.4）。

（a）剪掉拟南芥不适合侵染的花序

（b）将拟南芥花序部分浸入配好的侵染菌液

（c）同时将不同拟南芥植株的
花序浸入侵染菌液中

（d）遮光暗处理

图 3.4 拟南芥花序侵染

（1）用含有重组质粒的农杆菌划 YEB 固体培养基板（50 μg/mL Kan+500 μg/mL SM+50 μg/mL Rif），并于（28±2）℃下黑暗培养 2 d，从平板上挑取农杆菌单菌落于 20 mL YEB 液体培养基（50 μg/mL Kan+500 μg/mL SM+50 μg/mL Rif）中，28 ℃，200 r/min，黑暗培养 2 d。取上述培养物 500 μL（按 1∶100 的比例）加入 50 mL YEB 液体培养基（50 μg/mL Kan+500 μg/mL SM+50 μg/mL Rif）中，过夜培养（16 h）至 OD_{600} 为 1.8~2.0。

（2）将（1）中获得的菌液以 5 000~8 000 r/min 离心 10 min。

（3）用 50 mL 5%（W/V）的蔗糖溶液重悬。

（4）最后在要侵染时加入 0.05%（V/V）Silwet L-77（100 mL 加 50 μL），混匀。

（5）重悬菌体，最好于下午 5:00 左右用移液枪吸取菌液滴到花蕾上，考虑到菌液可以从花序上滴落，须保证菌液量足够大，或直接将花序轻轻按压浸入菌液中（图 3.5），然后将植株保湿避光培养 12~20 h。每隔 2 d 重复操作一次，即 7 d 共侵染 3 次，待果实成熟后采集种子。

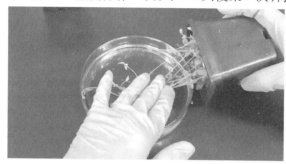

图 3.5　拟南芥花序充分与菌液接触（可用手将花序轻轻按压浸入菌液）

2.T1 代种子的抗性筛选：

（1）将野生型植株种子用 75% 酒精消毒 60 s，无菌水冲洗 3 次，每次 2 min。

（2）2% 的次氯酸钠浸泡 10 min，无菌水冲洗 3 次，每次 2 min。

（3）播种在 60 μg/mL Kan+100 μg/mL Cef 的培养基中，然后进行 T1 代种子的抗性筛选（图 3.6）。

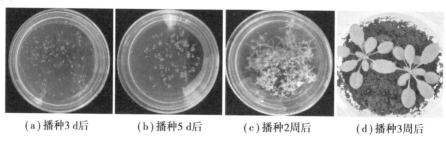

（a）播种3 d后　　（b）播种5 d后　　（c）播种2周后　　（d）播种3周后

图 3.6　T1 代种子的抗性筛选

3.转基因植株的分子检测，获得转基因植株：经过大约 20 d 的抗性筛选，将在抗性培养基中长出真叶且保持绿色的苗移到新的培养基（含 0.2 mg/L 的 NAA）中继续生长。长到一定程度，提取其叶 DNA，进行外源导入片段，如抗卡那霉素基因（*NPTII*）的分子检测，同时作阳性和阴性对照。

四、注意事项

1. 之所以在下午 5:00 左右侵染,是因为如果植株在室外生长,侵染后,可以利用天色转黑使植株避光生长,而保湿则可以用塑料袋将花序套着,第二天取掉塑料袋,使其自然生长。

2. 为了提高转化率,可根据植株的生长情况,每 2~5 d 用吸管吸取适量重悬目的质粒的新鲜转化液,逐个点沾花蕾。

3. 转化后,拟南芥的培养恢复正常管理,一旦再出现侧叶或主苔分枝,应及时剪除。

4. 转化 5~6 周后,为了加速拟南芥成熟,可以适量少浇营养液。待拟南芥个别角果开始枯黄后,可将其角果剪下放于培养皿内干燥。

5. 拟南芥角果大部分枯黄后,即可收取全部种子存于 1.5 mL 的离心管中(在盖上扎一小孔以便干燥)。种子完全干燥后,放于 1.5 mL 新离心管中 4 ℃ 短期保存。如需要,可放于 -20 ℃ 冰箱内长期保存。

五、思考题

1. 拟南芥遗传转化过程中决定侵染效率的因素有哪些?
2. 拟南芥侵染后为什么要暗培养?

六、参考文献

[1] 刘慧娟,冯志国,李先文,等.采用农杆菌花序浸染法获得转 crtB 基因拟南芥[J].湖北农业科学,2013,52(1):200-202.
[2] 刘敏.采用花序浸染法将线性基因表达框导入拟南芥[D].大连:大连理工大学,2011.

实验 3-4 白菜遗传转化

一、实验目的

掌握白菜遗传转化方法。

二、实验材料、仪器、试剂

1. 实验材料:白菜种子、含有目的载体的 LBA4404 农杆菌、滤纸、镊子、刀片、培养皿。
2. 实验仪器:超净工作台、培养箱、高压灭菌锅、摇床、紫外分光光度计、离心机、移液枪。
3. 实验试剂:75% 乙醇、无菌水、0.1% 升汞、2,4-二氯苯氧乙酸(2,4-dichlorophenoxyacetic

acid,2,4-D)、乙酰丁香酮(Acetosyringone,As)、6-苄氨基嘌呤(N -(Phenylmethyl)-9H-purin-6-amine,6-BA)、头孢噻肟(Ceftriaxone,Cef)、卡那霉素、链霉素、玉米素(Zeatin,ZT)、利福平、吲哚丁酸(Indolebutyric acid,IBA)、硝酸银(AgNO$_3$)、MS 培养基、YEB 培养基。

三、实验方法步骤

1. 无菌苗的获得。

(1)白菜种子用清水浸泡 1~2 h,用75% 乙醇进行表面消毒 2 min。

(2)无菌水清洗白菜种子 3 次。

(3)0.1% 升汞浸泡白菜种子 15~20 min(不断摇动)。

(4)无菌水冲洗白菜种子 5 次,然后播种于 MS 培养基上。

(5)26 ℃暗培养 1 d 后移白菜种子到光下,光照强度为 2 000 lx,16 h 光/8 h 暗光周期培养。

(6)切取苗龄 7~8 d(子叶展开为好,不同的物种不同的时间)无菌苗的下胚轴或子叶(1 cm 左右)作为遗传转化的受体。

2. 工程菌株的培养。

(1)将保存于−80 ℃的包含重组质粒的农杆菌菌种在 YEB 固体培养基(50 mg/L Kan+50 mg/L SM + 25 mg/L Rif)上划线,于 28 ℃恒温培养箱中培养 3 d。

(2)挑取单菌落接种于 20 mL YEB 液体培养基(50 mg/L Kan+50 mg/L SM+25 mg/L Rif)中,在恒温摇床上于 28 ℃,200 r/min,振荡培养 1.5 d,使农杆菌生长至对数期,即 OD$_{600}$=1.8~2.0。

(3)将 1 mL 菌液接种于 100 mL YEB 液体培养基(50 mg/L Kan+50 mg/L SM+25 mg/L Rif)中扩大培养,在恒温摇床中 28 ℃,200 r/min,振荡培养 16 h 左右,使农杆菌生长至对数期,即 OD$_{600}$ =1.8~2.0。

(4)5 000 r/min,10 min 离心收集菌体,用 YEB 液体培养基重悬菌体。

(5)5 000 r/min,10 min 再离心收集菌体。

(6)用 MS 液体培养基(1 mg/L 2,4-D+1 mg/L 6-BA+100 μmol/L As)将农杆菌浓度调至 OD$_{600}$ 为 0.3~0.6 供侵染使用。

3. 外植体的预培养、侵染及共培养。

(1)切取 1 cm 左右的下胚轴茎段或带柄子叶,置于 MS 固体培养基(1 mg/L 2,4-D+1mg/L 6-BA)上,预培养 48~72 h。

(2)将预培养后的下胚轴或带柄子叶浸入用 MS 液体培养基(1 mg/L 2,4-D+1 mg/L 6-BA+100 μmol/L As)调好浓度的农杆菌菌液中,侵染 10 min 后倒出菌液。

(3)用无菌滤纸吸去下胚轴或带柄子叶上多余的菌液,接入 MS 共培养基(1 mg/L 2,4-D+1 mg/L 6-BA+50 μmol/L As)中,23 ℃暗培养 48 h。

4. 诱导抗性愈伤、分化培养。

(1)共培养后的下胚轴或带柄子叶用 MS 液体培养基(1 mg/L 2,4-D+1 mg/L 6-BA+500 mg/L Cef)浸泡 30 min。

(2)倒出洗液,再重复浸泡 30 min,再倒出洗液,并用灭菌滤纸吸干表面水分后接入诱导抗性愈伤 MS 培养基(1 mg/L 2,4-D+1 mg/L 6-BA+500 mg/L Cef+15 mg/L Kan)中培养,约 2 周继代 1 次。

(3)待有愈伤长出后,将其转入分化 MS 培养基(4 mg/L 6-BA+2 mg/L ZT+5 mg/L AgNO$_3$+ 500 mg/L Cef+60 mg/L Kan)中,继续筛选培养。

5. 诱导茎、根生长。

(1)将愈伤组织分化变绿后的下胚轴或带柄子叶转接于分化茎 MS 培养基(3 mg/L 6-BA+ 2 mg/L ZT+500 mg/L Cef+40 mg/L Kan)上,光照培养至长出小茎。

(2)长出小茎的外植体转接于长茎 MS 培养基(3 mg/L 6-BA+500 mg/L Cef+40 mg/L Kan)上,光照培养至长出茎和叶片。

(3)将获得的再生苗转至生根培养基(1/2 MS+0.5 mg/L IBA+500 mg/L Cef +40 mg/L Kan)上,光照培养至长出发达根系。

步骤 3—5 的实验情况如图 3.7 所示。

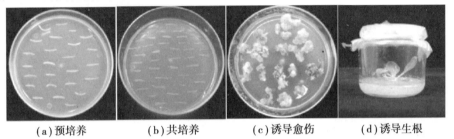

(a)预培养　　　(b)共培养　　　(c)诱导愈伤　　　(d)诱导生根

图 3.7　外植体在培养基中的生长情况

6. 培养条件:组培温度(25±2)℃,16 h 光/8 h 暗,培养基的 pH 值均为 5.8,灭菌条件均为 121 ℃,1.03×10^5 Pa,20 min。

7. 驯化及移栽:长根后的苗移入培养钵中,培养基质为珍珠岩+蛭石(1∶1),室温 20~25 ℃,光照条件(16 h 光/8 h 暗),一般驯化两周,至适当苗龄后移栽至大田条件下生长。

四、注意事项

1. 在切无菌苗时,一定要使用锋利的刀片,尽量做到一刀切断,避免挤压茎段或子叶。
2. 侵染时,下胚轴或子叶稍微干燥可以增加农杆菌的吸附。
3. 配制激素时,注意不要配错激素的浓度。

五、思考题

1. 高效遗传转化体系建立的基础是什么?
2. 农杆菌介导的遗传转化的影响因素有哪些?

六、参考文献

[1] 贾艳丽.农杆菌介导的白菜高效遗传转化体系研究[D].北京:中国农业科学院,2014.

[2] 蓝海燕,陈正华.农杆菌介导的芸薹属植物遗传转化技术的研究进展[J].生物技术通报,1999,15(3):15-18.

[3] 邢德峰,李新玲,徐香玲,等.农杆菌介导法获得抗病毒病转基因大白菜[J].哈尔滨工业大学学报,2006,38(5):793-796.

实验 3-5 甘蓝遗传转化

一、实验目的

掌握甘蓝遗传转化方法。

二、实验材料、仪器、试剂

1. 实验材料:甘蓝种子、含有目的载体的 LBA4404 农杆菌、滤纸、镊子、刀片、移液枪、培养皿。

2. 实验仪器:超净工作台、培养箱、高压灭菌锅、摇床、紫外分光光度计、离心机。

3. 实验试剂:75% 乙醇、无菌水、2.6% 次氯酸钠、6-苄氨基嘌呤、2,4-二氯苯氧乙酸、链霉素、1-萘乙酸(1-Naphthylacetic acid,NAA)、羧苄青霉素(Carbenicillin,Carb)、卡那霉素、MS 培养基、YEB 培养基等。

三、实验方法步骤

1. 外植体的准备。

(1)挑选籽粒饱满、大小均匀和无病虫害的甘蓝种子用清水浸泡 3 h,然后用 75% 乙醇进行表面消毒 30 s。

(2)无菌水清洗甘蓝种子 2 次。

(3)2.6% 次氯酸钠消毒甘蓝种子 8 min(其间不断摇动)。

(4)无菌水冲洗甘蓝种子 4 次,并用无菌滤纸吸干其表面水分,然后播种于 MS 培养基上。

(5)在 25 ℃暗培养 1 d 后移甘蓝种子到光下,光照强度为 2 000 lx,16 h 光/8 h 暗周期培养。

(6)培养 4~5 d 后,切取 0.5 cm 左右无菌苗的下胚轴作为遗传转化的受体。

2. 工程菌株的培养。

(1)将农杆菌接种于 5 mL YEB 液体培养基(100 mg/L Kan+125 mg/L SM)中,在恒温摇床上于 28 ℃,200 r/min 振荡培养,使农杆菌生长至对数期 $OD_{600}=1.0$。

(2)5 000 r/min,10 min 离心收集菌体,用 YEB 液体培养基重悬菌体。

(3)5 000 r/min,10 min 再离心收集菌体。

(4)将离心收集的菌体悬浮于 50 mL MS 液体培养基(pH=7.0)中,供侵染用。

3. 外植体的预培养、侵染及共培养。

(1)切取 0.5 cm 左右的下胚轴茎段,置于 MS 固体培养基中预培养 48～72 h。

(2)将预培养后的下胚轴浸入农杆菌菌体悬浮液中侵染 10 min,其间不断摇动,使农杆菌与外植体充分吸附。

(3)倒出菌液,用无菌滤纸吸去下胚轴表面多余的菌液,将下胚轴置于铺有一层滤纸的 MS 培养基中,26 ℃黑暗中共培养 48 h。

(4)共培养 48 h 后,将下胚轴转入 MS 抗性培养基(0.02 mg/L NAA+0.2 mg/L 2,4-D+500 mg/L Carb+50 mg/L Kan)上,诱导抗性愈伤组织。

4. 芽分化及植株再生。

(1)外植体在 MS 抗性培养基上共培养 10 d 后,转入愈伤膨大及芽分化 MS 培养基(3 mg/L 6-BA+0.6 mg/L NAA+500 mg/L Carb)上。

(2)每 2 周继代 1 次,3～4 周后即可见乳黄色愈伤组织,不断膨大并转呈黄绿色,进而出现许多绿色芽点。

(3)继续继代,直至芽长至 1.0～1.5 cm 时,将其切下并转入 MS 培养基(25 mg/L 蔗糖)中让芽长大。

(4)一周后,转入 MS 培养基(20 mg/L 蔗糖+0.15 mg/L NAA+30 mg/L Kan)中,7～10 d 后即可生根。

(5)将生根后的再生苗移入 MS 培养基(20 mg/L 蔗糖+0.02 mg/L NAA)上壮苗。

(6)10～20 d 后移入光照培养箱中,25 ℃,2 000 lx 光强,16 h 光/8 h 暗,培养 3 d。

(7)然后移栽入花盆,盆上套袋保湿,袋内湿度约 80%。3 d 后开小口、短时通风,以后逐渐加大开口,6 d 后全部去袋让其在培养箱中自然生长。

步骤 1—4 的实验情况如图 3.8 所示。

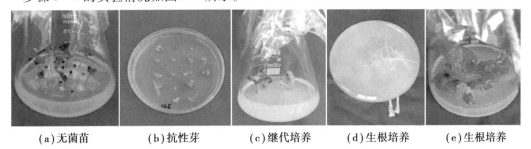

　　(a)无菌苗　　　(b)抗性芽　　　(c)继代培养　　　(d)生根培养　　　(e)生根培养

图 3.8　外植体在培养基上生长的情况

四、注意事项

1. 在实验过程中,需要注意无菌操作,避免染菌。

2. 在配制激素时要注意浓度。例如 2,4-D 浓度过高会导致愈伤组织非常疏松,无分化能力;若 2,4-D 浓度太低,则诱导效果不明显。

3. 农杆菌与外植体共培养的时间很关键,时间太短,不利于农杆菌完全吸收;时间太长,外植体容易染菌。

五、思考题

1. 农杆菌介导的植物基因转化有什么特点?

2. 转化的主要策略有哪些?

六、参考文献

[1] 张七仙,敖光明. 根癌农杆菌介导的甘蓝高效稳定的遗传转化系统的建立及对 CpTI 基因转化的研究[J].农业生物技术学报,2001,9(1):72-76,105.

[2] 薛红卫,卫志明,许智宏. 甘蓝的原生质体培养及其遗传转化[J]. 植物学通报,1995,30(S1):7-16,30.

[3] 崔慧琳,李志远,方智远,等. 结球甘蓝自交系 YL-1 的高效遗传转化体系的建立及应用[J].园艺学报,2019,46(2):345-355.

实验 3-6 油菜遗传转化

一、实验目的

掌握油菜遗传转化方法。

二、实验材料、仪器、试剂

1. 实验材料:油菜种子、含有目的载体的 LBA4404 农杆菌、滤纸、镊子、刀片、培养皿。

2. 实验仪器:超净工作台、培养箱、高压灭菌锅、摇床、紫外分光光度计、离心机、移液枪。

3. 实验试剂:75%乙醇、无菌水、0.1%升汞、2,4-二氯苯氧乙酸、乙酰丁香酮、6-苄氨基嘌呤、头孢霉素、卡那霉素、玉米素、链霉素、吲哚丁酸、利福平、硝酸银($AgNO_3$)、MS 培养基、YEB 培养基。

三、实验方法步骤

1. 无菌苗的获得

（1）油菜种子用清水浸泡 3 h 左右。

（2）用 95% 乙醇消毒种子表面 1 min 后用无菌水清洗 3 次。

（3）0.1% 升汞浸泡 6 ~ 15 min（购买种子的时间不同，新种子最好做升汞浸泡时间梯度），无菌水冲洗干净（10 次以上）。

（4）将油菜种子接种于 MS 培养基上，暗培养 4 ~ 7 d 后，切取无菌苗下胚轴作为遗传转化的受体。

2. 农杆菌的培养。

（1）-80 ℃ 保存的菌种在 YEB 固体培养基（50 mg/L Kan+50 mg/L SM+25 mg/L Rif）上划线，于 28 ℃ 恒温培养箱中培养 3 d。

（2）挑取单菌落接种于 YEB 液体培养基（50 mg/L Kan+50 mg/L SM+25 mg/L Rif）中，在恒温摇床上于 28 ℃，200 r/min（如果赶时间，可以 250 r/min 培养 1.5 d），活化 2 d，扩大培养一次。

（3）5 000 r/min，10 min 离心，收集菌体，用 MS 液体培养基（1 mg/L 2,4-D+1 mg/L 6-BA+50 μmol/L As）将农杆菌重悬至 OD_{600} 为 0.1 ~ 0.5 左右供侵染用。

3. 外植体的预培养、侵染及共培养。

（1）下胚轴切段放入 MS 培养基（1 mg/L 6-BA+1 mg/L 2,4-D）中预培养 72 h。

（2）将预培养后的下胚轴浸入调好的农杆菌菌液中侵染 10 ~ 15 min。

（3）如果菌液 OD_{600} 为 0.4 ~ 0.6，用 MS 液体培养基（50 μmol/L As）清洗下胚轴后，用无菌吸水纸吸去其表面多余液体，然后接入 MS 固体培养基（1 mg/L 6-BA+1 mg/L 2,4-D）中，暗培养 48 h；如果菌液 OD_{600} 是 0.4 以下，可以不用 MS 液体培养基（50 μmol/L As）清洗。

4. 诱导抗性愈伤、分化培养。

（1）共培养后的下胚轴用 MS 液体培养基（1 mg/L 2,4-D+1 mg/L 6-BA+500 mg/L Cef）浸泡 20 min，倒出洗液，并用灭菌滤纸吸干表面水分。

（2）接入诱导抗性愈伤的 MS 培养基（1 mg/L 2,4-D+1 mg/L 6-BA+500 mg/L Cef+30 mg/L Kan）中培养，10 ~ 15 d 继代 1 次。

（3）待有绿色愈伤长出后，将其转入分化 MS 培养基（1 mg/L 6-BA+2 mg/L ZT+5 mg/L AgNO₃+500 mg/L Cef+20 mg/L Kan）中，继续筛选培养。

5. 诱导茎、根生长。

（1）诱导分化后的下胚轴转接于分化茎 MS 培养基（1 mg/L 6-BA+2 mg/L ZT+500 mg/L Cef+15 mg/L Kan）中，光照培养至长出小茎。

（2）长出小茎的外植体转接于长茎 MS 培养基（0.05 mg/L 6-BA+500 mg/L Cef+15 mg/L Kan）组培瓶中，光照培养至长出茎和叶片。

（3）将获得的再生苗转至生根 MS 培养基（500 mg/L Cef+5 mg/L Kan）组培瓶中上，光照培养至生根。

步骤 3—5 的实验情况如图 3.9 所示。

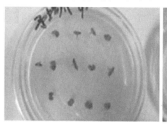

(a)预培养   (b)抗性芽分化筛选   (c)诱导生根

图 3.9   外植体在培养基中的生长情况

四、注意事项

1. 整个实验过程均为无菌操作环境。
2. 无菌苗的培养时间不宜过长。
3. 共培养时应注意避光,在黑暗条件下培养,避免光对转化的抑制。

五、思考题

1. 如何提高农杆菌介导的植物基因转化效率?
2. 农杆菌介导的植物遗传转化有哪些优缺点?

六、参考文献

[1] 赵延鹏,姜伯乐,梁和. 农杆菌介导的油菜遗传转化研究进展[J]. 广西农业生物科学, 2008,27(3):294-298.

[2] 高武军,王景雪,卢龙斗,等. 根癌农杆菌介导的油菜基因转化研究进展[J]. 生物学通报, 2002,37(6):10-12.

[3] 巩健,张源,杜立国. 根癌农杆菌介导的芥菜型油菜高效遗传转化[J]. 四川农业大学学报,2013,31(4):377-380.

实验 3-7   番茄遗传转化

一、实验目的

掌握番茄遗传转化操作方法,获得转基因番茄植株。

二、实验材料、仪器、试剂

1. 实验材料:农杆菌 LBA4404、双元载体 DNA、普通番茄(AC++)、微型番茄(Micro-Tom,MT)、农杆菌 EHA105、平板、50 mL 离心管、枪头、接种环、50 mL 三角瓶、组培瓶 3~5 个(视种子数量而定)、镊子。

2. 实验仪器:高压灭菌锅、超净工作台、离心机、紫外分光光度计、摇床。

3. 实验试剂:0.1 mol/L CaCl₂ 溶液、80% 甘油、YEB 培养基、LB 培养基、MS 培养基、MS 盐液体培养基、无菌水、75% 乙醇、20% 次氯酸钠(20 mL 5% 次氯酸钠加入 80 mL 去离子水)、饱和 Na_3PO_4 溶液、吲哚-3-乙酸(Indole-3-acetic acid,IAA)、玉米素、氨苄青霉素(Ampicillin,Amp)、利福平、卡那霉素、羧苄青霉素、2,4-二氯苯氧乙酸、激动素[6-Furfurglamino-purine(Kinetin),KT]、Murashige & Skoog Vitamin Solution(1 000x)、玉米素核苷(Zeatin Riboside,ZR)、特美汀(Timentin)、维生素 B₁(VB₁)、乙酰丁香酮等。

(1)普通番茄(AC++)遗传转化所用培养基:

预培养基:MS+1 mg/L IAA+1.75 mg/L ZT

抗性培养基:MS+1.0 μg/mL IAA+1.75 μg/mL ZT+75 μg/mL Kan+500 μg/mL Carb

分化培养基:MS+1.0 μg/mL IAA+1.75 μg/mL ZT+50 μg/mL Kan+500 μg/mL Carb

生根培养基:MS+50 μg/mL Kan+250 μg/mL Carb

(2)微型番茄(MT)遗传转化所用培养基:

预培养基:MS(每 100 mL 中包含蔗糖 2 g)+1 mg/L VB1+36 mg/L As+0.2 mg/L 2,4-D+0.1 mg/L KT

抗性培养基:MS+ Murashige & Skoog Vitamin Solution(1x)+100 mg/L Kan+2 mg/L ZR+450 mg/L Timentin

分化培养基:MS +Murashige & Skoog Vitamin Solution(1x)+100 mg/L Kan+2 mg/L ZR+300 mg/L Timentin

生根培养基:MS(将 MS 培养基中大量元素,微量元素,有机物和铁盐含量减半,每 100 mL 中包含蔗糖 1 g)+Murashige & Skoog Vitamin Solution(1x)+75 mg/L Kan+150 mg/L Timentin

三、实验方法步骤

1. 农杆菌介导转化普通番茄(AC++)子叶外植体。

1)农杆菌感受态制备:具体操作参见实验3-1。

2)双元载体转化农杆菌:

(1)取一管农杆菌感受态细胞并加入待转化的质粒 0.5~1 μg,轻轻混合,置于液氮中 3 min,再于 37 ℃ 温浴 5 min,加入 1 mL YEB 液体培养基,置于 28 ℃ 黑暗条件下,200 r/min 活化 2~4 h。

(2)将菌液 1 000 r/min,离心 30 s,用 100 μL YEB 液体培养基重悬,将其铺在 YEB 固体培养基(500 μg/mL SM +50 μg/mL Rif+50 μg/mL Kan)上,28 ℃ 黑暗条件下培养 3 d。

(3)挑单菌落于 100 mL YEB 液体培养基(500 μg/mL SM+50 μg/mL Rif+50 μg/mL Kan)中,28 ℃,200 r/min,黑暗培养 2 d,保存菌种并提取质粒。因农杆菌中质粒拷贝数低,可将所

提质粒再次转化到大肠杆菌中,进行菌落 PCR 和质粒酶切验证。

3)番茄种子的消毒和萌发:

(1)向已经灭菌的 50 mL 离心管中加入待消毒的番茄种子,加入 75% 的乙醇,振荡消毒 2 min(使蛋白脱水,杀灭细菌);

(2)倒掉乙醇,无菌水冲洗 3 次。

(3)向离心管中加入高温高压灭菌的饱和 Na_3PO_4(加入不超过离心管容积 1/2 的量),消毒 20 min(除去种子表面病毒),其间反复振荡离心管,以达到充分消毒的目的(消毒结束后不要直接倒掉 Na_3PO_4,此时番茄种子均漂浮在液体表面)。

(4)加入离心管体积 1/2 的无菌水,振荡,使种子沉淀后,弃上清液。

(5)无菌水清洗 3 次。

(6)加入离心管体积 1/2 的 1% NaClO,反复振荡 10 min(氧化杀菌)。

(7)去掉上清液,用无菌水反复清洗 7 次。

(8)向离心管中加入离心管体积 1/2 的无菌水,轻轻晃动后倒入灭菌的组培瓶中,4 ℃过夜低温处理(春化,使种子发芽一致)。

(9)28 ℃,100 r/min,黑暗条件下在恒温摇床中摇 2 d。

(10)在超净工作台上用灭菌的镊子将发芽的番茄种子以一定密度播种到盛有灭菌的 MS 培养基的培养瓶中,28 ℃条件下置于培养箱中培养直至种子萌发长出子叶。

4)侵染实验:

(1)将保存的含有目的重组质粒的农杆菌 LBA4404 活化,用接种环接种在 YEB 固体抗性筛选培养基(500 μg/mL SM+50 μg/mL Rif+50 μg/mL Kan)上,28 ℃、暗培养 2~3 d,长出单菌落。

(2)挑单菌落接种于 20 mL YEB 液体抗性筛选培养基(500 μg/mL SM+50 μg/mL Rif+50 μg/mL Kan)中,28 ℃、200 r/min 条件下暗培养 1.5 d。

(3)在超净工作台上,选择已经萌发而且子叶已经展平的番茄幼苗,在无菌条件下切取子叶,并在 MS 培养液(0.2 mg/L 2,4-D+10 mg/L KT)中浸泡 1 h,然后置于 MS 固体培养基(MS+1 mg/L IAA+1.75 mg/L ZT)上预培养 1 d(两端朝下⌣)。

(4)在超净工作台上,用移液枪取过夜培养的 1 mL 重组农杆菌菌液接种到 100 mL 新鲜 YEB 抗性筛选培养基(500 μg/mL SM+50 μg/mL Rif+50 μg/mL Kan)上,28 ℃、200 r/min 条件下暗培养 16~18 h,直至菌液的 OD_{600} 值为 1.8~2.0。

(5)在超净工作台上,将上述培养 16 h 的重组农杆菌液分别加入两个无菌 50 mL 离心管中,在室温条件下,5 000 r/min 离心 8 min,去掉上清液,然后加入已灭菌的 YEB 液体培养基并重悬重组菌体,室温条件下 4 000 r/min 离心 8 min,去掉上清液,然后向离心管中加入 100 mL 已经灭菌的 MS 盐液体培养基并重悬菌体,然后倒入无菌的培养皿中。

(6)在超净工作台上,将预培养的子叶放入经 MS 盐培养基重悬的重组农杆菌菌液中,浸泡 15 min 后,将子叶放在无菌的滤纸上吸干番茄子叶的表层菌液,然后重新放回原培养基上(使两端翘起朝上⌣),用纱布将培养皿包裹起来,放在弱光条件下共培养 2 d。

(7)在超净工作台上,将子叶转移到新的 MS 抗性培养基(1.0 μg/mL IAA+1.75 μg/mL ZT+75 μg/mL Kan+500 μg/mL Carb)上培养(注意:子叶要部分斜插入培养基)。

(8)每 3 周更换一次培养基,直到形成愈伤组织后,将愈伤组织转到 MS 分化培养基上(1.0 μg/mL IAA+1.75 μg/mL ZT+50 μg/mL Kan+500 μg/mL Carb),使愈伤组织分化出幼苗。

(9)在超净工作台上,切取幼苗转到 MS 生根培养基(50 μg/mL Kan+250 μg/mL Carb)上进行生根筛选,将生根的组培苗进行继代,并做阳性转基因株系鉴定和转基因效率鉴定。

侵染实验的情况如图3.10所示。

(a)农杆菌侵染后的番茄子叶　(b)番茄愈伤组织　(c)番茄再生幼芽　(d)继代幼苗

图3.10　番茄遗传转化过程

2.农杆菌介导转化微型番茄(MT)子叶外植体。

1)番茄种子消毒和萌发,具体操作参考"番茄种子的消毒和萌发"。

2)侵染实验:

(1)将保存的含有目的重组质粒的农杆菌EHA105活化,用接种环接种在YEB固体抗性筛选培养基(25 μg/mL Rif+50 μg/mL Kan)上,28 ℃暗培养2~3 d,长出单菌落。

(2)挑单菌落接种于20 mL YEB液体抗性筛选培养基(25 μg/mL Rif+50 μg/mL Kan)中,28 ℃、200 r/min条件下暗培养1.5 d。

(3)在超净工作台上,在无菌条件下切取已经萌发且子叶已经展平的番茄幼苗的子叶,置于MS固体培养基(1 mg/mL VB1+36 mg/L As+0.2 mg/L 2,4-D+0.1 mg/L KT)上预培养1 d(两端朝下 ⌒)。

(4)用移液枪在超净工作台上取过夜培养的1 mL重组农杆菌液接种到20 mL新鲜YEB抗性筛选培养基(25 μg/mL Rif+50 μg/mL Kan)上,28 ℃、200 r/min条件下暗培养16~18 h,直至菌液的OD_{600}值为1.8~2.0。

(5)将培养16 h的重组农杆菌在超净工作台上加入两支无菌1.5 mL离心管中,在室温条件下,5 000 r/min离心5 min,在超净工作台上去掉上清液,然后加入已灭菌的侵染培养基并重悬重组菌体,调节OD_{600}值至0.8~1.0。

(6)将OD_{600}值调好的菌液用移液枪打在子叶两端,然后重新放回原培养基上,用纱布将培养皿包裹起来,放在弱光条件下共培养2 d。

(7)共培养2 d后,无菌条件下将子叶转移到新的MS抗性培养基(Murashige & Skoog Vitamin Solution(1x)+ 100 mg/L Kan+2 mg/L ZR+450 mg/L Timentin)上培养。

(8)此后,每3周更换一次培养基,直到形成愈伤组织后,将愈伤组织转到MS分化培养基(Murashige & Skoog Vitamin Solution(1x)+100 mg/L Kan+2 mg/L ZR+300 mg/L Timentin)上,使愈伤组织分化出幼苗。

(9)切取幼苗转到MS生根培养基(Murashige & Skoog Vitamin Solution(1x)+75 mg/L Kan+150 mg/L Timentin)上进行生根筛选,将生根的组培苗进行继代,并做阳性转基因鉴定和转基因效率鉴定。

四、注意事项

1. 超净台在用之前要紫外灭菌0.5 h,使用前用酒精喷壶喷洒酒精,再用棉球擦干净台面。

2. 转基因对无菌操作要求非常严格,所有玻璃器皿、镊子、刀片、培养基等都需要高温灭菌,操作过程中注意多次用70%酒精擦拭手。

3. 在超净台内酒精灯使用过程中,特别注意小心喷洒酒精,一定要注意安全,不要烧伤自己或他人。

4. 饱和 Na_3PO_4 消毒结束后不要直接倒掉,此时番茄种子均漂浮在液体表面,应先加无菌水使种子沉淀后再倒。

5. 在超净工作台中,镊子一定不能触碰到除操作中的实验材料之外的地方,不慎碰到后,应当用酒精灯反复灼烧镊子消毒。

6. 注意区分子叶不同培养阶段的摆放方法。

五、思考题

1. 影响遗传转化效率的主要因素?

2. 普通番茄和微型番茄的遗传转化过程有哪些区别?

六、参考文献

[1] 解巧利. 番茄 MADS-box 转录因子 SIFYFL 调控衰老和果实成熟的分子机理研究[D]. 重庆:重庆大学,2014.

[2] 陈双臣,刘爱荣,王凤华,等. 农杆菌介导的番茄 Micro-Tom 遗传转化体系的建立[J]. 华北农学报,2010,25(2):112-115.

实验 3-8 马铃薯遗传转化

一、实验目的

掌握农杆菌介导马铃薯遗传转化的基本步骤与方法。

二、实验材料、仪器、试剂

1. 实验材料:马铃薯幼苗[植株由块茎发育而来,在25 ℃,16 h 光照/8 h 黑暗,光照强度为 60 μmol/（m² · s）条件下生长，生长 4 周的马铃薯苗被用于转化研究]；含有目的载体的根癌农杆菌菌株 AGL1、50 mL 离心管、200 mL 锥形瓶、蓝白黄枪头、比色皿、培养皿、组培瓶、剪刀、镊子、酒精灯。

2. 实验仪器：超净工作台、离心机、紫外分光光度计等。

3. 实验试剂：

（1）YEB 培养基：用于农杆菌的培养。

（2）农杆菌侵染培养基（AIM）：4.33 g/L MS 盐，1 mL/L MS 维生素储备溶液（1 000×），30 g/L 蔗糖。

（3）克隆繁殖培养基（CPM）：含有 30 g/L 蔗糖的 MS 基础培养基，维生素 B_5（1×），肌醇 100 mg/L，萘乙酸 0.02 mg/L，琼脂 8 g/L，调节 pH 值至 5.8。

（4）愈伤组织诱导培养基、芽再生培养基和生根培养基：

①愈伤组织诱导培养基（CIM）：4.33 g/L MS 盐，1 mL/L MS 维生素（1 000×），20 g/L 蔗糖，100 mg/L 肌醇，0.2 g/L NAA，2.5 g/L 玉米素，0.02 g/L GA_3。

②芽再生培养基（SIM）：4.33 g/L MS 盐，1 mL/L MS 维生素（1 000×），20 g/L 蔗糖，100 mg/L 肌醇，0.02 g/L NAA，2 g/L 玉米素，0.02 g/L GA_3。

③生根培养基（RIM）：4.33 g/L MS 盐，1 mL/L MS 维生素（1 000×），20 g/L 蔗糖，100 mg/L 肌醇。

愈伤组织诱导培养基、芽再生培养基和生根培养基配制时应用 1 mol/L KOH 溶液调节 pH 值至 5.8，在高压灭菌前加入琼脂粉（8 g/L），高压灭菌条件为 121 ℃，20 min。所有激素和抗生素应当无菌，且在灭菌后培养基温度降至 55 ℃时于超净工作台中添加。在超净工作台上将无菌培养基倒入 100 mm×15 mm 的培养皿中。所有培养基（液体或固体）都可以在 4 ℃下储存数周，但含有抗生素的培养基必须现配现用。

三、实验方法步骤

1. 块茎消毒。

（1）从储存的发芽块茎或种植在无菌土壤中的块茎上切除芽尖（3～5 cm 长），用流动的自来水冲洗切下的马铃薯芽 5 min。

（2）将马铃薯芽放入 50 mL 无菌离心管中，加入 50 mL 70% 乙醇，并在室温下以 50 r/min 的速度摇动 5 min。

（3）除去乙醇并用无菌去离子蒸馏水冲洗马铃薯芽 1 次。

（4）加入 50 mL 灭菌溶液[20% 商用漂白剂（5.25% 次氯酸钠）]，再加入几滴 Tween-20，在振荡器中以 100 r/min 的速度摇动试管 20 min。

（5）去除灭菌溶液并用无菌双蒸水清洗芽尖 5 次。在超净工作台中，将消过毒的马铃薯芽放在无菌滤纸上，去除多余的水。

（6）芽尖在马铃薯无性繁殖培养基（CPM）上培养，培养条件为：光照强度 60 μmol/（m² · s），光周期：16 h 光/8 h 暗，25 ℃孵育芽尖。

图3.11　体外繁殖幼苗

2.茎节外植体的微繁殖。

（1）大约4周后,芽尖可以发育成幼苗(图3.11)。

（2）将长约5 mm的茎节从马铃薯幼苗上切下,放在CPM培养基上进行培养。培养条件同"1.块茎消毒"中的(6)。

3.农杆菌菌液的制备。

（1）用接种环蘸取少量用甘油保存的含有目的载体的农杆菌(AGL1),并在含有对应抗生素的YEB固体培养基上划线,28 ℃培养2 d。

（2）用2 mL含有相应抗生素的YEB培养基接种新鲜生长的农杆菌单菌落,在28 ℃的振荡培养箱(250 r/min)中培养2 d。

（3）将100 μL的农杆菌菌液加入50 mL YEB培养基中,并加入250 mg/L卡那霉素,在28 ℃下摇动培养过夜。

（4）以5 000 r/min的速度将农杆菌菌液离心10 min,并用10 mL的AIM培养基重悬菌体。

（5）测定农杆菌菌液的OD_{600},用AIM培养基将OD_{600}值调整为0.6。

（6）将20 μL乙酰丁香酮原液(74 mmol/L)添加到40 mL AIM稀释的农杆菌菌液中用于转化。

4.茎段外植体的准备。

（1）从培养4周龄的体外繁殖幼苗中切下5 mm长的茎段,注意去除茎段上的节。

（2）将茎段从无菌滤纸上转移到含有CIM的培养基中,用封口膜密封培养皿,并在25 ℃的生长室中孵育2 d,光照强度为60 μmol/(m² · s),光周期:16 h光/8 h暗。

5.农杆菌侵染和共培养。

（1）将茎段外植体转移到含有40 mL农杆菌菌液的离心管中。

（2）用农杆菌菌液孵育20 min,在50 r/min的旋转或水平振荡器中轻轻摇动离心管孵育。

（3）将外植体转移到无菌滤纸上,并在两张无菌滤纸之间吸干残留的菌液。这一步对于避免农杆菌过度生长和获得良好的转化效率非常关键。

（4）将茎段从无菌滤纸上转移到新的CIM培养基中,使用封口膜密封培养皿,并在25 ℃的生长室中孵育2 d,光照强度为60 μmol/(m² · s),光周期:16 h光/8 h暗。

6.转基因愈伤组织的筛选和芽诱导。

（1）共培养2 d后,将外植体收集到离心管中,用40 mL无菌双蒸水和250 mg/L头孢噻肟冲洗5 min。

（2）将外植体放在无菌滤纸之间吸干水分,再将外植体转移到CIM培养基(500 mg/L Carb+250 mg/mL Cef+100 mg/L Kan)中(图3.12)。

（3）用封口膜密封培养皿并按照"1.块茎消毒"中(6)所述进行孵育。

（4）每两周将外植体重新转移到新鲜的CIM培养基平板上。

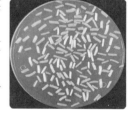

图3.12　茎段侵染共培

（5）如果观察到农杆菌过度生长,应将外植体再次用250 mg/L头孢噻肟和500 mg/L羧苄青霉素洗涤3次,吸干后继续在CIM培养基上培养。芽原基一般在第一个4周后开始出现。

7.芽伸长和诱导生根。

(1)将带有愈伤组织和芽原基的外植体转移到补充有相应抗生素的芽诱导培养基(SIM)中(图3.13),并按照"1.块茎消毒"中(6)所述进行孵育。

(2)在 SIM 培养基上培养4周后,将至少2 cm长的细长芽转移到组培瓶中,使用生根培养基(RIM+250 mg/L Carb+125 mg/L Cef+50 mg/L Kan)继续培养,并按照"1.块茎消毒"中(6)所述进行孵育,直至生根(图3.14)。

图3.13　芽诱导培养　　　　图3.14　生根诱导培养

8.幼苗移栽驯化。

(1)从试管中将根系良好的幼苗轻轻地取出,并用双蒸水将根部残余的琼脂培养基洗掉。

(2)将幼苗转移到基质中,并将它们放在温室内装有水的托盘中。在种植后的前3 d使用透明圆顶透气薄膜盖住幼苗以保持较高的相对湿度,帮助幼苗适应环境。

四、注意事项

不同品种的马铃薯培养基组成并不完全一致,实验过程中可根据实验材料适度调整(表3.1)。

表3.1　3 种不同基因型马铃薯茎节间段愈伤组织、芽和根诱导培养基的组成

组分/L	狄西芮(Désirée)			瓦尔蓝(Blue potato)		安第斯(S. andigena)		
	CIM	SIM	RIM	CIM/SIM	RIM	CIM	SIM	RIM
MS 盐/g	4.33	4.33	4.33	4.33	4.33	4.33	4.33	4.33
B_5 维生素(1 000×)/mL	0	0	0	1	1	0	0	0
MS 维生素(1 000×)/mL	1	1	1	0	0	1	1	1
蔗糖/g	20	20	20	30	20	0	0	0
葡萄糖/g	0	0	0	0	0	16	16	16
肌醇/mg	100	100	100	100	100	100	100	100
生长素/g	0	0	0	0.5	0.05	0	0	0
6-苄氨嘌呤/mg	0	0	0	0	0	0.1	0	0
1-萘乙酸/mg	0.2	0.02	0	0	0	5	0.02	0

续表

组分/L	狄西芮(Désirée)			瓦尔蓝(Blue potato)		安第斯(S. andigena)		
	CIM	SIM	RIM	CIM/SIM	RIM	CIM	SIM	RIM
玉米素/mg	2.5	2	0	1	—	0	2.2	0
赤霉素/mg	0.02	0.02	0	0	0	0	0.15	0
pH 值	5.8	5.8	5.8	5.8	5.8	5.8	5.8	5.8
结冷胶/g	0	0	0	0	0	2	2	2
琼脂/g	8	8	8	8	8	0	0	0

注:CIM——愈伤组织诱导培养基,SIM——芽诱导培养基,RIM——根诱导培养基。

五、思考题

1. 为什么含有抗生素的培养基要现配现用?
2. 乙酰丁香酮在侵染过程中起到的作用是什么?

六、参考文献

[1] CHEN P Y,WANG C K,SOONG S C,et al. Complete sequence of the binary vector pBI121 and its application in cloning T-DNA insertion from transgenic plants[J]. Molecular Breeding, 2003,11(4):287-293.

[2] BEAUJEAN A,SANGWAN R S,LECARDONNELA A,et al. *Agrobacterium*-mediated transformation of three economically important potato cultivars using sliced internodal explants:an efficient protocol of transformation [J]. Journal of Experimental Botany, 1998, 49 (326): 1589-1595.

[3] STIEKEMA W J,HEIDEKAMP F,LOUWERSE J D,et al. Introduction of foreign genes into potato cultivars Bintje and Désirée using an *Agrobacterium tumefaciens* binary vector[J]. Plant Cell Reports,1988,7(1):47-50.

[4] SHEERMAN S,BEVAN M W. A rapid transformation method for *Solanum tuberosum* using binary *Agrobacterium tumefaciens* vectors[J]. Plant Cell Reports,1988,7(1):13-16.

实验 3-9　辣椒遗传转化

一、实验目的

掌握辣椒遗传转化获得转基因植株的方法步骤。

二、实验材料、仪器、试剂

1. 实验材料:辣椒种子、含有目的载体的 LBA4404 农杆菌。
2. 实验仪器:超净工作台、高压灭菌锅、培养箱、移液枪。
3. 实验试剂:75% 乙醇、饱和磷酸钠、1% 次氯酸钠、MS 培养基、琼脂粉、硝酸银($AgNO_3$)、玉米素、吲哚-3-乙酸、6-苄氨基嘌呤、1-萘乙酸(1-Naphthylacetic acid,NAA)、羧苄青霉素、卡那霉素、赤霉素(Gibberellic acid,GA_3)。

三、实验方法步骤

1. 在超净工作台上对辣椒种子进行消毒。先用 75% 酒精浸泡 5 min,无菌水冲洗 3 次。再用高温灭菌后的饱和磷酸钠来回浸泡 20 min,接着用无菌水冲洗 3 次。最后用 1% 次氯酸钠浸泡 10 min,无菌水冲洗 10 次。无菌水中浸泡 6 h,播种在 1/2 MS 上[图 3.15(a)]。

(a)接种的辣椒种子　　(b)长出完整的辣椒幼苗

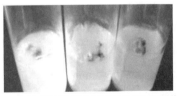

(c)农杆菌侵染后共培养直至长出愈伤　(d)转移至生根培养基诱导生根

图 3.15　辣椒培养的不同阶段

2. 培养 8~10 d 后[图 3.15(b)],切取 0.5~0.7 cm 子叶作为外植体(图 3.16)。在 MS 液体培养基(1 mg/L ZT+0.2 mg/L IAA)中浸泡 1 h,放在 MS 固体培养基(1 mg/L ZT+0.2 mg/L IAA)上面,黑暗培养 1 d,伤口朝下。

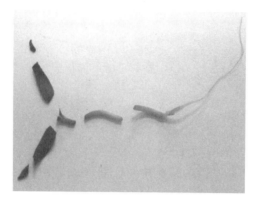

图 3.16　外植体切的方法示意图

3. 将预培养的外植体在含有目的载体的 LBA4404 农杆菌中浸泡 10 min,再放回原培养基共培养 2 d,伤口朝上。

4. 将上述外植体转入筛选 MS 固体培养基(6-BA 5 mg/L+IAA 1 mg/L+AgNO$_3$ 5 mg/L+Kan 50 mg/L+Carb 500 mg/L)中,直到成功分化出愈伤为止[图 3.15(c)],3 周后更换一次培养基。

5. 大约 30 d 后外植体分化出不定芽,将分化的外植体置于 MS 固体培养基(6-BA 5 mg/L+IAA 1 mg/L+AgNO$_3$ 5 mg/L+Kan 25 mg/L+Carb 500 mg/L+GA$_3$ 2 mg/L)上培养。

6. 大约 30 d 后不定芽延长至 20~30 mm,置于生根 MS 培养基(NAA 0.2 mg/L+IAA 0.1 mg/L+Kan 25 mg/L)上,诱导生根,获得植株[图 3.15(d)]。

四、注意事项

1. 配制培养基时,要注意调节 pH 值。
2. 外植体不能太小,否则会影响愈伤组织的形成。
3. 及时观察和记录实验结果,及时更换培养基,以免出现褐化现象。
4. 注意光照温度和培养条件对植株生长的影响,光照不宜过强,温度不宜过高。
5. 实验过程中,注意规范无菌操作。

五、思考题

1. 配制培养基时,为什么要加入一定量的植物生长物质? 常加入的植物生长物质包括哪几大类?
2. 组织培养过程中影响褐变的因素有哪些?
3. 优良的愈伤组织具备哪些特性?
4. 组织培养过程中玻璃化产生的原因有哪些?

六、参考文献

[1] 尤嘉禾,刘清波.辣椒组织培养研究进展[J].现代农业科技,2021(13):71-72,78.

[2]覃芳.辣椒组织培养快繁技术的研究[D].湛江:广东海洋大学,2016.

[3]张晓芬,耿三省,陈斌,等.一种辣椒的组织培养方法:CN201810181873.5[P].2018-08-14.

实验 3-10　水稻遗传转化

一、实验目的

掌握水稻遗传转化方法,获得转基因水稻。

二、实验材料、仪器、试剂

1. 实验材料:中华 11 水稻种子、含有目的载体的 EHA105 农杆菌、平板、50 mL 离心管、枪头、接种环、50 mL 三角瓶、组培瓶 3 ~ 5 个(视种子数量而定)、镊子。

2. 实验仪器:高压灭菌锅、超净工作台、离心机、紫外分光光度计、摇床。

3. 实验试剂:YEB 培养基、NB 培养基、水解酪蛋白(Hydrolyzed casein,CH)、潮霉素(Hygromycin B,Hyg)、脯氨酸(Proline,Pro)、蔗糖、链霉素 SM(50 mg/mL)、卡那霉素 Kan(50 mg/mL)、利福平 Rif(10 mg/mL)、头孢霉素 Cef(250 mg/mL)、羧苄青霉素 Carb(400 mg/mL)、升汞、75% 乙醇、乙酰丁香酮(Acetosyringone,AS)、愈伤诱导培养基、愈伤继代培养基、悬浮培养基、共培养基、筛选培养基、分化培养基、生根培养基。

培养基的配制:

愈伤诱导培养:NB+2,4-D 2.0 mg/mL+6-BA 0.2 mg/mL+琼脂粉 10 g/L。

愈伤继代培养:NB+2,4-D 2.0 mg/mL+CH 0.3 g/L+琼脂粉 10 g/L+蔗糖 30 g/L。

悬浮培养基:NB+100 μmol/L 乙酰丁香酮。

共培养基:NB+100 μmol/L 乙酰丁香酮+琼脂粉 10 g/L。

筛选培养基:NB+2,4-D 2.0 mg/mL+6-BA 0.2 mg/mL+Hyg 25 mg/L+Timentin 400 mg/L+琼脂粉 10 g/L。

分化培养基:NB+Pro 0.5 g/L+CH 0.2 g/L+6-BA 2.0 mg/mL+KT 1.0 mg/mL+NAA 0.5 mg/mL+IAA 0.5 mg/mL+Hyg 25 mg/L+Timentin 400 mg/L+蔗糖 30 g/L+琼脂粉 10 g/L。

生根培养基:NB+NAA 0.4 mg/mL+蔗糖 25 g/L+琼脂粉 10 g/L。

三、实验方法步骤

1. 诱导:水稻种子去壳消毒后,将成熟胚接种于诱导培养基中,20 ℃恒温培养 7 d 诱导胚性愈伤组织。

2. 侵染:将含有目的基因载体的农杆菌 EHA105 在含有 50 mg/L Kan 和 50 mg/L Rif 的 YEB 平板上划线,26 ~ 30 ℃暗培养 2 d,用接种环挑取农杆菌单菌落,将其接种于新鲜的 YEB 液体培养基中,28 ℃,220 r/min 摇床培养 46 ~ 50 h,然后将农杆菌加入含 100 μmol/L As 的共培养基中,调整菌体浓度 OD_{600} 至 0.1~0.2,得到共培养转化的农杆菌悬浮液,将步骤 1 中所得愈伤组织与胚乳分离,接种于农杆菌悬浮液中侵染,将挑选的愈伤组织小粒放入已加入农杆菌的液体培养基中,轻轻摇动几次,放置 15~20 min 倒去菌液,用无菌滤纸吸干,均匀地铺在已加滤纸的共培养基中,晾干备用。

3.共培养:将晾干的愈伤组织转到共培养基中,培养至愈伤组织表面出现菌体,共培养温度为 20 ℃,培养时间为 24~72 h。

4.筛选:将共培养后的愈伤组织,先用灭菌水洗涤 3 次,清洗后接种到筛选培养基中进行抗性筛选,获得抗性愈伤组织。

5.分化:将获得的抗性愈伤组织接种到分化培养基上培养至分化出幼苗。

6.生根:将幼苗接种到生根培养基上生根,并进行 PCR 检测,选择检测为阳性的植株作为转化得到的水稻植株。

整个实验过程如图 3.17 所示。

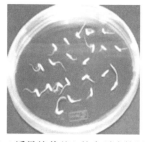

（a）诱导培养基上的水稻成熟胚

（b）成熟胚经诱导后产生的胚性愈伤组织

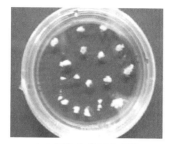

（c）胚性愈伤组织侵染

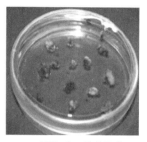

（d）侵染后,筛选培养

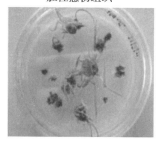

（e）分化培养

（f）抗性芽的产生

（g）生根培养

（h）转基因小苗培养

（i）获得大量转基因水稻苗

图 3.17　水稻遗传转化过程

四、注意事项

升汞为重金属物质,因此应注意升汞的回收利用,以免对环境造成恶劣的影响。

五、思考题

请分析影响水稻遗传转化效率的主要因素。

六、参考文献

[1] 青岛袁策生物科技有限公司.一种农杆菌介导水稻遗传转化方法:CN201711498703.1[P].2018-08-14.

[2] 张燕红,赵志强,吴泽新,等.根癌农杆菌介导的水稻遗传转化体系的研究[J].新疆农业科学,2014,51(8):1457-1462.

[3] 袁冰,丁筠,曹含章,等.草甘膦为筛选标记的水稻高效遗传转化体系的建立[J].云南农业大学学报(自然科学),2021,36(4):559-565.

[4] ZHAO W N,ZHENG S S,LING H Q. An efficient regeneration system and *Agrobacterium*-mediated transformation of Chinese upland rice cultivar Handao297[J]. Plant Cell, Tissue and Organ Culture(PCTOC),2011,106(3):475-483.

实验 3-11 小麦遗传转化

一、实验目的

掌握小麦遗传转化的基本步骤和实验方法。

二、实验材料、仪器、试剂

1.实验材料:所用小麦品种分别为甘24、中麦175、永春2460和豫麦48,含有目的质粒的农杆菌菌株 LBA4404、50 mL 离心管、200 mL 锥形瓶、蓝白黄枪头、紫外分光光度计、比色皿、培养皿、组培瓶、剪刀、镊子、酒精灯。

2.实验仪器:超净工作台、离心机等。

3.实验试剂:MS 基本培养基、YEB 固/液体培养基、1/2 MS 培养基、MS 培养基、2,4-二氯苯氧乙酸、琼脂粉、蔗糖、麦芽糖、水解酪蛋白、脯氨酸、激动素、6-苄氨基嘌呤、萘乙酸、乙酰丁香酮、头孢霉素、卡那霉素、75% 酒精、NaClO 溶液。

培养基制备:

诱导培养基:MS 基本培养基+2,4-D(2.5 mg/L)+琼脂(0.4%)+蔗糖(15 g/L)+麦芽糖(15 g/L)+水解酪蛋白(0.5 g/L)+脯氨酸(0.5 g/L)。

继代培养基:MS 基本培养基+2,4-D(1.5 mg/L)+KT(0.2 mg/L)+琼脂(0.4%)+蔗糖(15 g/L)+麦芽糖(15 g/L)+水解酪蛋白(0.4 g/L)+脯氨酸(0.4 g/L)。

分化培养基:MS 基本培养基+6-BA(2 mg/L)+KT(3 mg/L)+琼脂(0.4%)+麦芽糖(15 g/L)+蔗糖(15 g/L)。

生根培养基:MS 基本培养基+琼脂(0.4%)+蔗糖(15 g/L)+麦芽糖(15 g/L)+NAA(0.5 mg/L)。

以上培养基的 pH 值均调至 5.6~6.0,121 ℃高压灭菌 20 min。

悬浮培养基:1/2 MS 培养基+200 mmol/L As(1%)+0.5%琼脂。

共培养基:MS 培养基+2,4-D(2.0 mg/L)+200 mmol/L As(1%)+5%琼脂。

恢复培养基:MS 培养基+2,4-D(2.0 mg/L)+Cef(500 mg/L)+5%琼脂。

诱导筛选培养基:诱导培养基+Kan(100 mg/L)+Cef(500 mg/L)。

分化筛选培养基:分化培养基+Kan(100 mg/L)+Cef(500 mg/L)。

生根筛选培养基:生根培养基+Kan(100 mg/L)+Cef(50 mg/L)。

生根壮苗培养基:生根培养基+Cef(50 mg/L)。

三、实验步骤

1. 种子灭菌。挑选完整无伤口、籽粒大小一致、灌浆饱满的成熟种子,选取 100 粒左右置于灭菌玻璃三角瓶中,用灭菌蒸馏水冲洗干净,再加入 75% 酒精约 50 mL,使小麦种子完全浸没在酒精中,然后在摇床上振荡 10 min,摇床调整为 200 r/min,倒出酒精后,加入灭菌蒸馏水冲洗一遍,再加入体积分数为 30% 的 NaClO 溶液 50 mL,用封口膜密封三角瓶后,于 200 r/min 摇床振荡 25 min,倒出 NaClO 溶液,用无菌蒸馏水冲洗 4~5 次,加入少量无菌水,置于培养箱中,25 ℃温育 12 h。之后倒掉无菌水,加入 30% NaClO 溶液,置于 28 ℃摇床,180 r/min 振荡 20 min 后,倒掉溶液,用灭菌蒸馏水冲洗 4~5 次。用镊子将种子小心取出,放在经过高压灭菌的滤纸上吸水风干待用。

2. 小麦成熟胚的切取。待种子风干至表面无水分时,进行切胚。首先准备镊子,手术刀片,以及灭菌滤纸等,将经过灭菌的小麦种子腹沟朝下,用镊子夹住胚乳后半部,稍稍用劲将种子固定在滤纸上,然后用刀片倾斜 45°沿着小麦胚的表面突起部分切下,将刚开始吸水膨胀的胚状体突起切掉,破坏胚的完整性,再以同样的角度沿着第一次的切面切下 0.5 cm 左右的椭圆状胚体,留下待用,将种子剩余部分丢弃;将切下的椭圆状胚体平放在滤纸上,用镊子固定,用刀片以十字形切成 4 块,或者更小的碎胚,之后小心地将其接种到诱导培养基表面。

3. 成熟胚愈伤组织的诱导。将切取的成熟碎胚小心地接种到诱导培养基表面,注意不能将碎胚压入培养基内部,不利于愈伤组织的生长。培养条件为 25 ℃暗培养。培养一周后碎胚周围开始出现愈伤组织,开始较小,待愈伤生长 15 d 左右进行继代培养,将愈伤组织小心取出,放在灭菌滤纸上,用灭菌尖头镊子小心地将胚与愈伤组织剥离,再将愈伤组织接种到继代培养基上,25 ℃暗培养 15 d 左右进行二次继代,培养基及培养条件与第一次继代相同。

4.农杆菌的侵染。

(1)在超净工作台内,吸取 10 mL YEB 培养基活化的菌液置于灭菌离心管中,4 ℃,5 000 r/min 离心 10 min。倒出上清液后,用悬浮培养液将离心管底部的菌体悬起,转入 150 mL 玻璃三角烧瓶中,放置在摇床上,28 ℃,200 r/min 暗培养,直至菌液 OD_{600} 达到 0.6 ~ 0.8 时作为侵染液待用。

(2)在超净工作台内,挑选经过继代培养的生长情况较好的愈伤组织,置于灭菌的三角烧瓶中,加入 OD_{600} 值为 0.6 ~ 0.8 的农杆菌悬浮液,在 120 r/min 的摇床上摇 10 min,再将三角瓶置于超声波清洗机中,5 kHz 处理 30 s 后,继续放回摇床振荡 20 min。

(3)摇床振荡结束后,将侵染过的愈伤组织倒在灭菌滤纸上,吸干多余菌液,再转移到干净的灭菌滤纸上,确保愈伤组织块之间不相互粘连,然后在超净工作台吹风 30 min 后转移到共培养基上,25 ℃黑暗条件下共培养 2 d。

(4)向灭菌的蒸馏水中加入 Cef,制成含有 500 mg/L Cef 的抑菌液,同时在超净工作台内用灭菌的玻璃三角烧瓶收集共培养 2 d 的愈伤组织,加入适量抑菌液,在摇床上振荡 20 min 后倒掉抑菌液,再继续用抑菌液冲洗 3 ~ 5 次,至抑菌液完全澄清为止。然后将愈伤组织倒在灭菌滤纸上,吸干水分后转移到新的灭菌滤纸上,在超净工作台上吹干。将吹干的愈伤组织转移到恢复培养基上,25 ℃暗培养 7 d。

(5)观察恢复培养 7 d 后的愈伤组织,如果愈伤组织周围有农杆菌菌斑,则对愈伤组织进行新一轮抑菌,方法参照步骤(4),将重新抑菌的愈伤组织吹干后接种到筛选培养基上进行筛选培养;如果恢复培养基抑菌效果良好,则可以直接转移至筛选培养基上。

(6)将经过筛选培养存活的愈伤组织转移到分化筛选培养基上,诱导愈伤分化,待其分化苗长出 4 ~ 5 cm 时转入生根筛选培养基中诱导生根,生根后炼苗移栽。各阶段培养如图 3.18 所示。

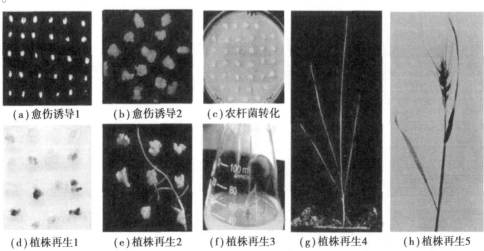

(a)愈伤诱导1　(b)愈伤诱导2　(c)农杆菌转化

(d)植株再生1　(e)植株再生2　(f)植株再生3　(g)植株再生4　(h)植株再生5

图 3.18　农杆菌介导小麦愈伤组织转化的基本过程

四、注意事项

1. 小麦不同组织的再生能力存在差异,在选择外植体时,应结合实际幼苗的生长状况及组织的分裂能力取材。

2. 在超净台吹干小麦愈伤组织时,切记干燥时间不宜过长,避免导致愈伤组织失水严重,影响愈伤组织的分裂分化。

五、思考题

1. 共培养时为什么放在黑暗条件下?
2. 头孢霉素抑制农杆菌的原理是什么?

六、参考文献

[1] 闫栋.农杆菌介导小麦遗传转化体系的优化及盐生草耐盐基因在拟南芥中的功能验证[D].兰州:甘肃农业大学,2018.

[2] 金鑫鑫.农杆菌介导的小麦愈伤组织遗传转化及再生体系研究[D].济南:山东大学,2012.

实验 3-12 玉米遗传转化

一、实验目的

掌握农杆菌介导玉米遗传转化的基本步骤与方法。

二、实验材料、仪器、试剂

1. 实验材料:玉米、含有目的载体的 EHA105 农杆菌菌株、50 mL 离心管、200 mL 锥形瓶、蓝白黄枪头、比色皿、培养皿、组培瓶、剪刀、镊子、酒精灯。

2. 实验仪器:超净工作台、离心机、紫外分光光度计等。

3. 实验试剂:LB 培养基、YEB 培养基、2,4-二氯苯氧乙酸、琼脂粉、蔗糖、麦芽糖、脯氨酸、天冬氨酸、卡那霉素、MS 大量、MS 微量、MS 有机、Fe 盐、葡萄糖、N6 大量、N6 微量、N6 有机、肌醇、叶酸、酪蛋白、活性炭、NaClO 溶液(4%,W/V)。

培养基:

侵染液:MS 大量(50 mL/L);MS 微量(10 mL/L);MS 有机(10mL/L);Fe 盐(10 mL/L);

葡萄糖(30 g/L);蔗糖(60 g/L);pH 值5.2,用于外植体的侵染。

预培养培养基:N6 大量(50 mL/L);N6 微量(10 mL/L);N6 有机(10 mL/L);脯氨酸 (0.7 g/L);Fe 盐(10 mL/L);肌醇(10 mL/L);2,4-D(1 mL/L);叶酸(1 mL/L);蔗糖(30 g/L); 琼脂(7.6 g/L);酪蛋白(0.4 g/L);天冬氨酸(0.2 g/L);pH 值5.8,用于玉米遗传转化的愈伤 组织侵染前预培养。

共培养培养基:MS 大量(50 mL/L);MS 微量(10 mL/L);MS 有机(10 mL/L);葡萄糖 (10 g/L);蔗糖(20 g/L);琼脂(7.5 g/L);pH 值5.8,用于玉米遗传转化的愈伤组织侵染后共 培养。

筛选培养基:N6 大量(50 mL/L);N6 微量(10 mL/L);N6 有机(10 mL/L);脯氨酸 (0.7g/L);Fe 盐(10 mL/L);肌醇(10 mL/L);2,4-D(1 mL/L);叶酸(1 mL/L);蔗糖 (40 g/L);琼脂(8 g/L);天冬氨酸(0.2 g/L);pH 值5.8,用于玉米遗传转化的愈伤组织共培 养后筛选。

分化培养基:MS 大量(50 mL/L);MS 微量(10 mL/L);MS 有机(10 mL/L);Fe 盐 (10 mL/L);蔗糖(30 g/L);琼脂(7.5 g/L);pH 值5.8,用于玉米遗传转化后分化培养。

生根培养:MS 大量(50 mL/L);MS 微量(10 mL/L);MS 有机(10 mL/L);肌醇 (10 mL/L);Fe 盐(10 mL/L);蔗糖(30 g/L);琼脂(7.5 g/L);活性炭(2 g/L);pH 值5.8,用于 玉米遗传转化后生根培养。

三、实验方法步骤

1. 外植体消毒。

植物授粉后 12~15 d 收获的未成熟穗,用 10% NaClO 溶液(4%,*W/V*)消毒 15 min,然后 用无菌蒸馏水洗涤 3 次,每次 5 min。解剖幼粒以分离胚胎,其中 2 mm 大小外植体用于后续 侵染。

2. 农杆菌侵染玉米愈伤组织。

(1)将外植体放在 25 ℃培养箱中避光预培养 3 d,准备侵染。

(2)侵染前一天,在 50 mL YEB 液体培养基中加入适量目的菌种,并加入 50 μL Kan,在 200 r/min,28 ℃恒温摇床振荡培养 16 h。

(3)将上述菌液放置在 220 r/min,28 ℃恒温摇床上振荡 2 h,使用分光光度计在 600 nm 波长下测 OD 值,使菌液 OD_{600} 值保持为 0.5~0.6,并将其转入灭过菌的 50 mL 试管中,以 4 900 r/min 离心 17 min 后,弃去上层液体,此时记录上层液体体积,用等量的侵染液吹打菌体 混匀,将玉米的愈伤组织夹入混合菌体的侵染液容器中侵染 25 min,每 4 min 晃动一下三角 瓶,完成后把侵染液倒净,将愈伤组织夹出,用纸巾吸干后放置在共培养基上进行暗培养 3 d。

(4)玉米愈伤组织共培养后在筛选、分化和生根培养基上先后培养。生根培养后,对生根 的幼苗进行炼苗处理后即可移入田中,各阶段培养如图 3.19 所示。

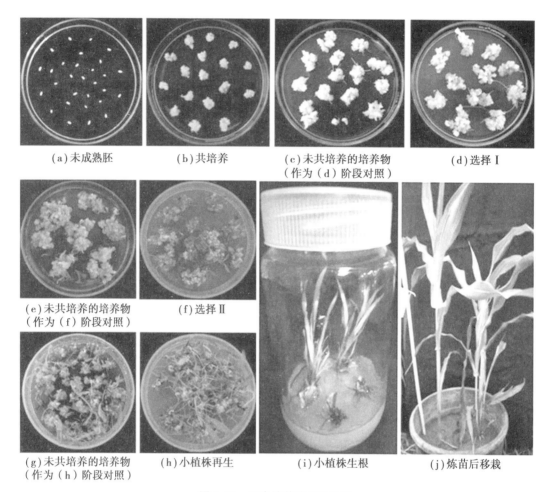

(a)未成熟胚　　(b)共培养　　(c)未共培养的培养物　　(d)选择 I
　　　　　　　　　　　　　　　（作为（d）阶段对照）

(e)未共培养的培养物　　(f)选择 II
（作为（f）阶段对照）

(g)未共培养的培养物　　(h)小植株再生　　(i)小植株生根　　(j)炼苗后移栽
（作为（h）阶段对照）

图 3.19　玉米培养的不同阶段

四、注意事项

1. 解剖的用于侵染的玉米幼粒不宜过小,避免农杆菌侵蚀外植体。
2. 注意控制好玉米穗消毒的时间,不宜过长,NaClO 消毒配制的浓度不宜过高,否则容易损伤玉米穗。

五、思考题

1. 为什么用玉米穗,而不用幼苗的下胚轴(即茎)作为外植体?
2. 为什么要给外植体一个伤口后再侵染?

六、参考文献

［1］ 孙珊珊.NPR1 和 Cry1Ab13-1 抗病虫双价基因植物表达载体的构建及在玉米中的遗传转化［D］.长春:吉林农业大学,2021.

［2］ MUPPALA S, GUDLAVALLETI P K, MALIREDDY K R, et al. Development of stable transgenic maize plants tolerantfor drought by manipulating ABA signaling through *Agrobacterium*-mediated transformation［J］. Journal of Genetic Engineering and Biotechnology, 2021, 19 （1）:96.

七、注意事项

植物遗传转化总体注意事项:

(1)激素应过滤除菌后再加入高温灭菌的培养基,不得与培养基一起灭菌。

(2)切忌等到培养基不再烫手后再加激素。

(3)注意超净工作台的正确使用,避免杂菌干扰。

(4)注意控制农杆菌的浓度,尽量在规定的 OD_{600} 值内侵染。

(5)注意定期更换培养基,避免营养成分不足造成苗子发育不良。

(6)炼苗期间注意逐一让苗适应外界环境,切忌立马放在室外。

(7)剪取外植体时尽量一次性完成,避免外植体造成多个伤口后侵染效果不佳。

第四章

基因表达分析技术

实验 4-1　亚细胞定位

　　细胞内有成千上万的蛋白,基本都有特定的亚细胞定位。粗分,如细胞膜、细胞核、细胞质等;细分,如细胞核内的核仁、细胞质中的内质网、线粒体、叶绿体等(图4.1)。蛋白质的亚细胞定位与其功能密切相关。例如,对基因表达进行调控的转录因子通常定位于细胞核,参与细胞物质运输的转运蛋白通常定位于细胞膜,参与光合作用的蛋白定位于叶绿体,促进泛素化降解的蛋白通常定位于细胞质。因此,对目的蛋白质亚细胞定位的研究将有助于揭示其功能。

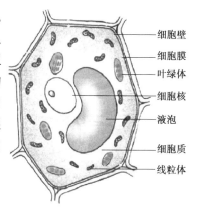

细胞壁
细胞膜
叶绿体
细胞核
液泡
细胞质
线粒体

一、实验原理

图 4.1　高等植物细胞结构图

　　亚细胞定位是指某种蛋白或表达产物在细胞内的具体存在部位,如在细胞核、胞浆内、细胞膜或某一特定细胞器上存在。通常是将目的蛋白与荧光蛋白(如绿色荧光蛋白 GFP、黄色荧光蛋白 YFP 或红色荧光蛋白 RFP)的编码序列相融合,使两个基因融合成一个开放阅读框,从而使目的蛋白和荧光蛋白串联表达,将获得的融合基因的表达载体转入植物细胞中,在激光共聚焦显微镜下观察荧光的表达部位,从而确定目的蛋白在细胞内的定位。

　　4,6-联脒-2-苯基吲哚(DAPI),是一种标记细胞核的荧光染料,因其与双链 DNA(dsDNA)有高度的亲和力,与 DNA 结合后会发出强烈的蓝色荧光。

　　激光共聚焦扫描显微技术是一种高分辨率的显微成像技术。普通的荧光光学显微镜在对较厚的标本(例如细胞)进行观察时,来自观察点邻近区域的荧光会对结构的分辨率形成较大的干扰。共聚焦显微技术的关键点在于,每次只对空间上的一个点(焦点)进行成像,再通过计算机控制的精细扫描形成标本的二维或者三维图像。在此过程中,来自焦点以外的光信号不会对图像形成干扰,从而大大提高了显微图像的清晰度和细节分辨能力。

本实验利用瞬时表达技术,将构建好的融合表达载体导入农杆菌中。通过农杆菌渗透法,将融合基因导入烟草叶片细胞中,使融合基因在烟草叶片细胞中表达,然后,利用激光共聚焦观察荧光蛋白质的亚细胞定位。该方法能很方便、直观地进行蛋白的瞬时表达亚细胞定位。

二、实验目的

1. 掌握农杆菌渗透法,并利用该方法在烟草叶片中瞬时表达目的基因。
2. 掌握亚细胞定位技术的基本原理和实验步骤。
3. 了解亚细胞定位相关操作中的注意事项。
4. 掌握激光共聚焦显微镜的使用方法。

三、实验材料、仪器、试剂

1. 实验材料:4~5周龄的本氏烟草、大肠杆菌菌株(DH5α)、农杆菌菌株(GV3101)、PHB载体、1.5 mL Eppendorf(EP)管、2 mL EP 管、枪头、移液器、记号笔、剪刀、注射器、载玻片、盖玻片、镊子、锡箔、光盘。

2. 实验仪器:离心机、紫外分光光度计、振荡器、制冰机、摇床、超净工作台、PCR 仪、高压灭菌锅、水浴锅、光照培养箱、37 ℃恒温培养箱、28 ℃恒温培养箱、琼脂糖凝胶电泳仪、超净工作台、激光共聚焦显微镜。

3. 实验试剂:限制性内切酶及酶切缓冲液、DNA 纯化试剂盒、质粒提取试剂盒、DAPI 染液、0.9%生理盐水、乙酰丁香酮溶液、$MgCl_2$ 溶液、MES 溶液、LB 液体培养基、LB 固体培养基、YEB 液体培养基、YEB 固体培养基、利福平、卡那霉素、工作液。

工作液配制方法见表4.1:

表4.1 工作液组分

组分	母液浓度	工作液(50 mL)
$MgCl_2$	20 mmol/L	5 mL
MES	500 mmol/L	5 mL
葡萄糖	—	250 mg
乙酰丁香酮	1 mol/L	5 μL
ddH_2O	—	(补充至50mL)

四、实验方法步骤

1. 烟草培养。播种烟草种子若干,在光照培养箱中按照 16 h 光照,26 ℃;8 h 黑暗,20 ℃

的昼夜循环模式,培养4~5周,使烟草真叶达到6~8片。

2. 载体构建:

(1)使用 Primer5 设计特异引物,PCR 扩增目的基因,进行双酶切,连接亚细胞定位表达载体 PHB 载体,载体部分序列如图4.2所示。

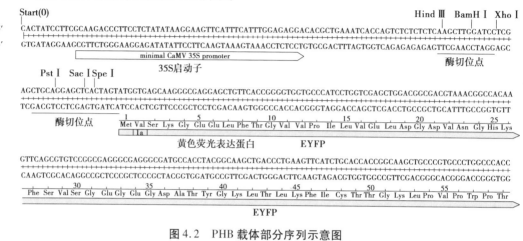

图 4.2 PHB 载体部分序列示意图

注:载体抗性为卡那霉素抗性;载体上可用的酶切位点有 Hind Ⅲ、BamH Ⅰ、Pst Ⅰ、Sac Ⅰ、Spe Ⅰ;载体上携带的融合表达蛋白为 YFP,在激光共聚焦下发黄色荧光。

(2)转化大肠杆菌 DH5α 感受态细胞,重组子筛选,测序验证(具体操作方法参见第一章)。

3. 重组质粒转化农杆菌。制备农杆菌 GV3101 感受态细胞,重组质粒转化农杆菌,筛选包含重组质粒农杆菌,提取质粒再次转化大肠杆菌进行验证(同时将 PHB 空载体转化农杆菌为对照组,具体操作方法参见第三章)。

4. 农杆菌培养。将包含重组质粒的农杆菌在 YEB(50 μg/mL Rif+50 μg/mL Kan)板上划线,倒置培养2~3 d,挑取单菌落于3 mL YEB(50 μg/mL Rif+50 μg/mL Kan)液体培养基,过夜培养,然后吸取1 mL 菌液至100 mL YEB(50 μg/mL Rif+50 μg/mL Kan)培养基中扩大培养至农杆菌的生长对数期(OD_{600}=0.4~0.5 或 0.5~0.6)(同时培养包含 PHB 空载体的农杆菌作为对照组)。

5. 本氏烟草注射农杆菌菌液:

(1)工作液配制:按照实验试剂中的描述配制。

(2)重悬:用2 mL 离心管富集(5 000 r/min,5 min)菌体2次,用工作液重悬目的菌和对照菌体,调 OD_{600} 至1.0左右(OD_{600}=1.0 并不一定适用于所有的基因,高浓度可能导致叶片死亡,或者影响定位结果,建议设置不同的浓度梯度进行比较,在可以获得荧光信号的前提下尽量采用低浓度的菌液),室温避光放置2~3 h(至少0.5 h,最多不超过3 h)。

(3)注射:挑选生长状况良好的烟草植株(注射前一天不要浇水太多,叶片含水量高时菌液不容易渗透;等植株叶片长至6~8叶,选择靠近顶端2~4叶,尽量选择完全展开的叶片),用除去针头的1 mL 注射器,吸取注射液注射到烟草叶片背面,最理想情况是可以注射满整个叶片(图4.3),用记号笔标记侵染区域(同一株烟草可选择形态舒展的叶片注射2~3片,不超过 3 片,有利于瞬时侵染的效果和后续叶片的恢复,注射后的植株通常在 2 d 之后观察,但不同基因表达的时间可能在 1～7 d 不等)。

　　(4)培养:将注射完成的烟草植株暗培养 1 d,然后再正常培养 2～3 d,即可观察。

　　(5)观察:取标记的农杆菌注射的烟草叶片,放在载玻片上(烟草背面朝上),加 DAPI 染液避光染色 15 min(DAPI 是只针对细胞核的染液,定位在其他细胞器需要加相应的染色液),然

图 4.3　注射烟草叶片

后用生理盐水洗掉染液(洗 3～4 次),这一过程要轻柔,避免烟草表皮卷曲,加一滴生理盐水,盖上盖玻片,在激光共聚焦显微镜下观察,并拍照。

五、注意事项

　　1.注射时选择健康、处于壮年的烟草叶片进行注射,太小的可能注射不进去,太老的表达效率较低。注射前后观察烟草土壤,如果缺水要及时浇水。注射烟草前保持烟草湿润,并处于光照下,以避免气孔关闭,不易注射。注射叶片选取中上层较大的嫩叶。农杆菌可经过两次活化,以确保农杆菌的活性,增加侵染效率。

　　2.注射区域选在叶脉间区域,避开大的叶脉,推压注射器时不要用力太大以免戳破烟草叶片,在此过程中要戴上口罩和手套,以免菌液溅到身上。从叶片背面注射,为增加转化效率,尽量将整片烟草注射满,但每片烟草最多注射 3 个孔,以免伤口过多死亡。

　　3.注射完每个叶片后,要及时做好标记,注明注射的农杆菌所含的质粒。

　　4.清洗时,将生理盐水轻轻滴在载玻片上,不要剧烈摇晃,以免细胞漂起。

　　5.DAPI 可能具有致癌性,全部操作过程中必须戴塑料手套或乳胶手套。

　　6.操作载玻片的过程中要小心,以免载玻片碎裂。

　　7.处理好的载玻片最好立即照相,时间长了细胞容易干,导致形态发生改变。

　　8.实验完毕后清理实验台面,将载玻片清洗后用 75% 酒精浸泡,以备回收使用。

六、思考题

　　1.在设计引物时,为何要去掉 CDS 区的终止密码子?

　　2.如何确定某蛋白是定位在细胞核、叶绿体或者线粒体等?

七、参考文献

[1] ZHU Q G,GONG Z Y,HUANG J W,et al. High-CO$_2$/hypoxia—responsive transcription factors DkERF24 and DkWRKY1 interact and activate *DkPDC*2 promoter[J]. Plant Physiology,2019,180(1):621-633.

实验 4-2 原位杂交

原位杂交技术(In situ hybridization,ISH)是由分子生物学、组织化学及细胞学相结合而产生的一门新兴技术,始于 20 世纪 60 年代。1969 年美国耶鲁大学的 Gall 等首先用爪蟾核糖体基因探针与其卵母细胞杂交,将该基因进行定位,与此同时 Buongiorno-Nardelli 和 Amaldi 等(1970)相继利用同位素标记核酸探针进行了细胞或组织的基因定位,从而创造了原位杂交技术[1]。自此以后,分子生物学技术迅猛发展,特别是 20 世纪 70 年代末到 80 年代初,分子克隆、质粒和噬菌体 DNA 的构建成功,为原位杂交技术的发展奠定了深厚的技术基础。

一、实验原理

原位杂交技术的基本原理是利用核酸分子单链之间有互补的碱基序列,将有放射性或非放射性的外源核酸(即探针)与组织、细胞或染色体上待测 DNA 或 RNA 互补配对,结合成专一的核酸杂交分子,经一定的检测手段将待测核酸在组织、细胞或染色体上的位置显示出来。

基于地高辛、生物素和荧光分子的标记和检测系统是常见的原位杂交检测方法。荧光标记检测常为直接探针标记方法,如在 dUTP/UTP/ddUTP 上连接荧光分子后进行核酸标记。由于标记在核酸上的荧光分子必须经受杂交和洗脱过程中的考验,并且荧光分子易于衰减,其检测灵敏度受到一定的影响,但对荧光分子的直接检测呈现的背景较低。间接标记的方法中应用了报告分子标记的探针,报告分子通过亲和酶促的方法进行显色。常用的报告分子如地高辛、生物素等。结合地高辛抗体或链霉亲和素上耦联的酶系统进行间接的底物反应检测。RNA 原位杂交是利用地高辛标记的反义 RNA 为探针,与切片杂交,从而原位显示 RNA 的表达部位和相对丰度。RNA 原位杂交是研究基因表达谱的重要方法。

二、实验目的

1. 掌握原位杂交技术的基本原理和实验步骤。
2. 了解原位杂交技术相关操作中的注意事项。

三、实验材料、仪器、试剂

1. 实验材料:pGEM-T 或 pGEM-T Easy 载体、杂交探针、载玻片、离心管、包埋盒、镊子、刀片、染色缸、塑料薄膜、一次性方形培养皿、脱蜡缸、枪头。

2. 实验仪器:真空干燥器和真空泵、切片机、水浴锅、恒温加热板、烘箱、摇床、电磁炉、冰箱、移液器。

3. 实验试剂:Tris-HCl、EDTA-2Na、Glycine、$MgCl_2$、NaCl、NaH_2PO_4、Na_2HPO_4、EDTA、硫酸葡聚

糖、yeast t-RNA、DEPC、无菌水、95%乙醇、固定液、二甲苯、无水乙醇、石蜡、poly-L-lysine、$CHCl_3$、NaAc、苯酚、10×Blocking buffer（2）、10×Blocking buffer（3）、BSA（牛血清白蛋白）、Triton X-100。

原位杂交试剂配制：

（1）1 mol/L Tris-HCl（pH＝7.5）500 mL：Tris base 60.55 g，加浓盐酸（约 32 mL）调节 pH 值至 7.5，定容至 500 mL。

（2）1 mol/L Tris-HCl（pH＝9.5）300 mL：Tris base 36.33 g，加浓盐酸（约 1 mL）调节 pH 值至 9.5，定容至 300 mL。

（3）0.5 mol/L EDTA-2Na（pH＝8.0）500 mL：EDTA-2Na 93.06 g，NaOH 约 10 g，完全溶解后，调节 pH 值至 8.0，定容至 500 mL。

（4）2 mg/mL Glycine 500 mL：Glycine 1 g，加水溶解后，定容至 500 mL。

（5）1 mol/L $MgCl_2$ 100 mL：$MgCl_2 \cdot 6H_2O$ 20.331 g，加水溶解后，定容至 100 mL。

（6）5 mol/L NaCl 500 mL：NaCl 146.1 g，加水溶解后，定容至 500 mL。

（7）20×SSPE（pH＝7.4）1 L：NaCl 175.3 g，NaH_2PO_4 24 g，0.5 mol/L EDTA（pH＝8.0）40 mL，加水溶解后，定容至 1 L。

（8）10×PBS（pH＝7.4）500 mL：NaCl 38 g，NaH_2PO_4 1.8 g，Na_2HPO_4 4.95 g，加水溶解后，定容至 500 mL。

（9）50%硫酸葡聚糖（Detran sulfate）：Detran sulfate 5 g，加水溶解后，定容至 10 mL。分装至 1.5 mL 离心管中，保存于−20 ℃（该溶液较黏稠，配好后直接按照需要的量 1 mL 分装到 10 mL 的离心管中，放在 4 ℃（待用），使用时直接往离心管中添加其他成分）。

（10）10 mg/mL yeast t-RNA：25 mg yeast t-RNA，溶于 2.5 mL $DEPC \cdot H_2O$ 中。

注意事项：所有试剂都要用灭菌的 $DEPC \cdot H_2O$ 配制，配试剂用到的量筒需要 180 ℃烘 6 h，（1）—（10）试剂配好后需要灭菌。使用时都要在超净台上打开，以免染菌。

（11）FAA（Formalin-Aceto-Alcohol，福尔马林-乙酸-乙醇）固定液（100 mL）：

组分	50%FAA 固定液	70%FAA 固定液
无水乙醇	50 mL	70 mL
37%甲醛溶液	10 mL	10 mL
冰乙酸	5 mL	5 mL
$DEPC \cdot H_2O$	定容至 100 mL	定容至 100 mL

（12）Proteinase K buffer（蛋白酶 K 缓冲液 100 mL）：

组分	Proteinase K buffer（100 mL）
1 mol/L Tris-HCl（pH＝7.5）	10 mL
0.5 mol/L EDTA-2Na（pH＝8.0）	10 mL
$DEPC \cdot H_2O$	80 mL

（13）1×Blocking buffer（40 mL,现配现用）：

组分	1×Blocking buffer（40 mL）
10×Blocking buffer（3）直接购买	4 mL
10×Blocking buffer（2）直接购买	3.6 mL
加 ddH₂O 至	40 mL

（14）BSA washing buffer（200 mL,现配现用）：

组分	BSA washing buffer（200 mL）
BSA	2 g
Triton X-100	600 μL
1 mol/L Tris-HCl（pH=7.5）	20 mL
5 mol/L NaCl	6 mL
加 ddH₂O 至	200 mL

（15）TNM-50 buffer（Tris-NaCl-MgCl₂ buffer 120 mL）：

组分	TNM-50 buffer（120 mL）
1 mol/L Tris-HCl（pH 9.5）	12 mL
5 mol/L NaCl	2.4 mL
1 mol/L MgCl₂	6 mL
加 ddH₂O 至	120 mL

四、实验方法步骤

1. 取材、固定、脱水、包埋、切片。

（1）所有玻璃器皿清洗干净,180 ℃烘6 h,载玻片先用95%乙醇浸泡、擦干净,再180 ℃烘6 h;所用的试剂瓶需事先装 DEPC·H₂O 灭过菌;所用的固定液、乙醇溶液等都要用 DEPC·H₂O 配制。

（2）固定液配制:配制方法详见上述 FAA 固定液配制。50% FAA 适用于幼穗、茎间分生组织（SAM）等幼嫩组织的固定,70% FAA 适用于根、茎秆、叶片等成熟组织的固定。

（3）取材:将所需材料尽量剪小,加入预冷的 FAA 固定液中,固定液体积应不少于材料体积的 10 倍。固定液放冰上,抽真空 15 min,缓慢放气,再重复 2 次,直到材料沉底。

（4）固定：将抽完真空的固定液吸走弃去，换成新的固定液。4 ℃固定 24 h。

（5）脱水：如果是用50% FAA 固定，先用50% 乙醇洗掉固定液，换 3 次，每次 30 min；如果是用70% FAA 固定，先用 70% 乙醇洗掉固定液，换 3 次，每次 30 min。然后梯度乙醇脱水（4 ℃）：70% 乙醇（至少 1 h，亦可长期保存）、85% 乙醇（1 h）、95% 乙醇（若含伊红溶液，至少 1 h，建议过夜）。

（6）继续脱水和透明（室温）：

溶液	时长
无水乙醇	1 h
无水乙醇	1 h
3/4 体积无水乙醇+1/4 体积二甲苯	1.5 h
1/2 体积无水乙醇+1/2 体积二甲苯	1.5 h
1/4 体积无水乙醇+3/4 体积二甲苯	1.5 h
二甲苯	1 h
二甲苯	1 h

（7）浸蜡：

溶液	温度	时长
二甲苯+碎蜡尽量多	42 ℃	过夜
每 8～12 h，继续补碎蜡	42 ℃	2～3 d
1/2 体积二甲苯+1/2 体积石蜡	48 ℃	2 h
1/4 体积二甲苯+3/4 体积石蜡	50 ℃	2 h
纯蜡	60 ℃	1 h
纯蜡	60 ℃	1 h
纯蜡	60 ℃	1 h
纯蜡	60 ℃	1 h

（8）包埋：预先折好纸盒，并在电磁炉上熔化新的石蜡，置于 60 ℃ 温箱中备用，注意包埋蜡温度不要过高，以免烫坏组织。包埋时，先铺一层包埋蜡，再将玻璃瓶中的材料倒进纸盒中，镊子稍加热，均匀排列材料（动作尽可能迅速，尤其是包埋蜡之后应尽快进行后续操作）。让材料自然冷却，可第二天再收。蜡块在 4 ℃ 时可以保存很久。注意包埋蜡不要倒太多，蜡块厚度以 1～2 cm 为宜，太厚不好切片。纯蜡的温度可以提升至 63 ℃，防止操作不迅速导致蜡块冷却凝固。

（9）切片前的准备：切片盒先用碱水浸泡过夜，然后用 DEPC·H_2O 洗净，42 ℃烘干。用于原位杂交的载玻片必须保证无 RNase，需要先用 95%乙醇浸泡，然后再用干净的纸擦干，用锡纸包裹后，180 ℃烘 6 h。如果载玻片本身很干净无浮尘，也可以直接 180 ℃烘 6 h。但是如果载玻片不干净，会影响粘片和封片。烘好后的载玻片要涂上 0.1% poly-L-lysine 溶液。抹片方法：在超净台上，先铺一张干净的 A4 纸，将载玻片正面朝上排列成两列摆在纸上（磨砂面方便用铅笔写字，为正面）。在其中一列载玻片中央加 20 μL poly-L-lysine，然后依次将滴有 poly-L-lysine 和无 poly-L-lysine 的载玻片面对面涂抹均匀，注意不要有气泡，涂完后放置在干净的切片盒中，37 ℃烘干，至少 1 h。

（10）切片：切片前，依次用 70%乙醇和 DEPC·H_2O 擦干净切片台面、切片机、展片台。切片厚度一般为 8~10 μm。展片时，先滴 1 mL DEPC·H_2O 在载玻片上，选取需要的切片漂浮在 DEPC·H_2O 水滴上。小心将载玻片转移到 40 ℃左右的展片台，待切片展开就用枪吸走 DEPC·H_2O，再稍微在展开台放置，去掉剩余的 DEPC·H_2O，放入切片盒中。注意展片台温度不能过高，否则会产生气泡，破坏切片；展片时间也不能过久，超过 5 min 会导致 RNA 降解。切好的切片于 37~42 ℃烘干 1~2 d，就可做原位杂交。切好的切片不能放置太久，最好其他步骤都准备好了再切片。

2. 探针的设计与合成。

1）RNA 原位杂交探针的设计原则：

（1）探针的特异性要好，与其他基因匹配长度不要超过 500 bp；

（2）用于杂交的探针长度为 150~200 bp，超过此长度的探针需要水解（见本实验探针转录的碱水解），用于转录的模板不要超过 1.5 Kb；

（3）探针的 GC 含量最好在 40%~60%，没有连续的重复碱基。

2）探针模板的克隆与线性化：

将选取的 cDNA 片段扩增，克隆在含有 T7、SP6 启动子的载体上，如 pGEM-T 或 pGEM-T Easy 载体上。线性化需要用 5′突出末端的内切酶，如 Sal Ⅰ和 Nco Ⅰ，酶切的质粒量为 20~50 μg，酶切体系 200 μL，酶切时间 2 h 至过夜。纯化前，需取 1 μL 酶切产物跑胶检测，确定酶切完全。酶切结束，进行纯化，以确保模板中没有 RNase 等杂质。纯化步骤如下：

（1）将酶切体系补水至 500 μL，向其加入 250 μL Tris 饱和的苯酚和 250 μL $CHCl_3$，振荡 5 min，12 000 r/min 离心 5 min。

（2）吸上清液，转移至新管中，加 500 μL $CHCl_3$，振荡 5 min，12 000 r/min 离心 5 min。

（3）吸上清液，转移至新管中，加 1/10 体积的 3 mol/L NaAc（pH=5.2，DEPC·H_2O 配制），2 倍体积的无水乙醇，-20 ℃冷冻 3 h 至过夜。

（4）4 ℃冷冻离心，12 000 r/min 离心 5 min。

（5）70%乙醇浸洗沉淀，去上清液，吹干。

（6）加 20 μL DEPC·H_2O 溶解沉淀，测浓度。

3）RNA 原位杂交探针的转录：

探针的转录所用的试剂均用 DEPC·H_2O 配制，转录的详细步骤如下：

转录体系:

试剂	用量
线性化的模板	1 μg
10×Transcription Buffer	2 μL
10×DIG RNA Labeling Mix	2 μL
Ribonuclease Inhibitor(TaKaRa)	1 μL
T7/SP6 RNA Polymerase	2 μL

(1)补充 DEPC·H_2O 至总体积 20 μL,37 ℃转录 2~2.5 h。

(2)DNase Ⅰ 2.5 μL,37 ℃处理 15 min,去掉 DNA 模板。

(3)加 1 μL 5mol/L EDTA(pH=8.0)终止反应。

(4)加 2.5 μL 4 mol/L LiCl 和 75 μL 无水乙醇,-20 ℃冷冻 3 h 至过夜。

(5)0 ℃冷冻离心,12 000 r/min 离心 20 min。

(6)去掉上清液,加 80% 乙醇 150 μL 浸洗,0 ℃冷冻离心,12 000 r/min 离心 20 min。

(7)小心吸走上清液,超净台上吹干,加 20~40 μL DEPC·H_2O 溶解。跑胶检测浓度,-70 ℃保存。如果转录的探针长度合适,就此完成;如果长度过长,探针不易进入细胞,需要碱水解,继续往下进行。

(8)碱水解的时间计算公式如下:

$$T = \frac{L_o - L_f}{K \times L_o \times L_f}$$

其中,L_o 为探针初始长度,Kb;L_f 为探针终长度,Kb;K 为 0.11 Kb/min。

水解溶液为 20 μL 100 mmol/L $NaHCO_3$ 和 30 μL 100 mmol/L Na_2CO_3,总体积为 100 μL。水解温度为 60 ℃,水解时间按上述公式计算。

(9)水解后加入 5 μL 10% 冰乙酸,10 μL 3mol/L CH_3COONa,2 倍体积的无水乙醇,-20 ℃冷冻 3 h 至过夜。

(10)0 ℃冷冻离心,12 000 r/min 离心 20 min。

(11)去掉上清液,加 80% 乙醇 150 μL 浸洗,0 ℃冷冻离心,12 000 r/min 离心 20 min。

(12)重复步骤(11)。

(13)小心吸走上清液,超净台吹干。溶于 20 μL DEPC·H_2O,跑胶检测浓度,保存于 -70 ℃。

4)RNA 原位杂交探针方向的确定:

用于原位杂交检测的探针是与体内 mRNA 互补的 RNA,称为反义 RNA;用于阴性对照的探针是与体内 mRNA 方向相同的,称为正义 RNA。连接入 pGEM-T 或 pGEM-T Easy 载体的 cDNA 方向决定了探针的方向。

按图 4.4 所示连接方向,用 Nco Ⅰ酶切、SP6 转录酶转录的探针是反义 RNA,用 Sal Ⅰ酶切、T7 转录酶转录的探针是正义 RNA。如果 cDNA 连接的方向相反,则探针方向也反过来。

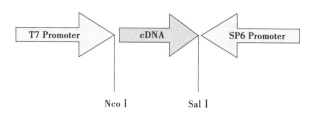

图 4.4   cDNA 的连接方向

3. 杂交。

（1）杂交前的准备：脱蜡缸、镊子、剪刀等要 180 ℃ 烘 6 h，切片需 37～42 ℃ 烘 1～2 d。
10×Blocking solution 从 −20 ℃ 冰箱拿出解冻。

（2）脱蜡和复水，在通风橱中进行：

试剂	时间/min
二甲苯	20
二甲苯	20
二甲苯+无水乙醇	2
无水乙醇	2
无水乙醇	2
95% 乙醇	2
85% 乙醇	2
70% 乙醇	2
50% 乙醇	2
30% 乙醇	2
15% 乙醇	2
DEPC·H_2O	2
DEPC·H_2O	2

（3）Proteinase K Buffer 处理：在脱蜡的同时配制并预热 Proteinase K Buffer。37 ℃ 处理
40 min。PBS 洗一次，2 mg/mL Glycine 浸泡 2 min，再次用 PBS 洗一次。

（4）脱水：

试剂	时间/min
DEPC·H_2O	2
DEPC·H_2O	2

续表

试剂	时间/min
15%乙醇	2
30%乙醇	2
50%乙醇	2
70%乙醇	2
85%乙醇	2
95%乙醇	2
无水乙醇	2

超净台上吹干,30~50 min。

(5)预杂交:先配制 10×Hybridization salts,可 4 ℃保存。

组分	10×Hybridization salts(10 mL)
1 mol/L Tris-HCl(pH=7.5)	1 mL
0.5 mol/L EDTA-2Na(pH=8.0)	200 μL
5 mol/L NaCl	6 mL
DEPC·H_2O	2.8 mL

再配制预杂交液(Prehybridization solution),可−20 ℃保存。

组分	Prehybridization solution(10 mL)
去离子甲酰胺	5 mL
10×Hybridization salts	1 mL
50%硫酸葡聚糖	1 mL
10×Blocking solution	1 mL
10 mg/mL yeast t-RNA	150 μL
DEPC·H_2O	1.85 mL

注意:吸50%硫酸葡聚糖需要剪去枪头,配制过程尽量不要产生气泡,有气泡需要离心消泡。

预杂交时,取 150 μL 预杂交液滴加在吹干的载玻片上,并用大小合适的干净 parafilm 覆盖,不能产生气泡。将载玻片转移至离心管盒子中,盒中加 DEPC·H_2O,盖严以保湿。42 ℃预杂交 1~3 h。

（6）杂交：在预杂交液中加入探针，使其浓度为 400～1 000 ng/mL。取下载玻片上的 para-film，并在面巾纸上吸干，将稀释好的探针滴加 150 μL 于载玻片上，用 parafilm 覆盖，放入湿盒中。42 ℃杂交 16～20 h。

（7）2×SSPE 洗 3 次：第一次，揭开 parafilm，将载玻片浸入 2×SSPE 中。第二次、第三次，42 ℃,15 min。

（8）0.2×SSPE 洗 2 次：57 ℃杂交炉中，最小转速，30 r/min,2 次。

（9）1×Blocking buffer 洗：1×Blocking buffer（40 mL，现配现用），室温，摇床最小转速，30 min。

（10）免疫反应：

配制 BSA washing buffer（200 mL，现配现用）：先将 Anti-Digoxigenin-AP（抗地高辛-AP）12 000 r/min 离心 5 min，取上清液，稀释在 BSA washing buffer 中，稀释比为 1∶2 500～1∶5 000，室温杂交 2 h，最小转速摇晃。

（11）洗抗体：BSA washing buffer 洗 3 次，每次 15 min，最小转速摇晃。在此期间配制 TNM-50 buffer（120 mL），用 TNM-50 buffer 洗 3 次，每次 5 min。

（12）显色反应：避光配制显色液，30 mL TNM-50 buffer 中加入 0.3～0.8 mL NBT/BCIP stock solution，依照具体显色情况，避光显色过夜。待到实验组明显显色而阴性对照没有显色时，将载玻片转移至双蒸水中，洗 3 次，每次 2 min。

（13）脱水：因为显出的颜色溶于乙醇，所以脱水的过程要比较快，特别是当显出的颜色比较浅时，每一级不要超过 10 s。

（14）封片,37 ℃烘干,拍照观察。

五、注意事项

1. 由于特定的 mRNA 序列仅占总 mRNA 的极少数，加上基因仅由 4 个碱基排列组合而成，因此原位杂交容易出现非特异性染色。通过不加探针和用阴性标本做对照，基本可以确定染色是否为特异性的。有明显的非特异性染色现象时，用预杂交液对含探针的杂交液进行稀释，一般稀释 2～10 倍；并应加强探针杂交后的洗涤。

2. 所有试剂都要用灭菌的 DEPC·H_2O 配制,配试剂用到的量筒、烧杯等器具需要 180 ℃ 烘 6 h。

3. 用于杂交的探针长度为 150～200 bp，超过此长度的探针需要水解；探针的特异性要好，与其他基因匹配长度不要超过 500 bp；探针的 GC 含量最好在 40%～60%,没有连续的重复碱基。

4. 实验操作过程中注意做好安全防护。

六、思考题

1. 原位杂交技术可以用的探针种类以及探针标记物有哪些？

2. 探针标记方法有哪些？

七、参考文献

[1] 王东辉.水稻整体原位杂交实验技术方法的改进[J].北京大学学报(自然科学版),2022, 58(2):195-200.

实验 4-3 Northern blot

一、实验原理

Northern blot 是基于核酸分子杂交,以核酸探针检测 RNA 印迹中特定 RNA 序列的技术。

其原理是将 RNA 样品通过变性琼脂糖凝胶电泳进行分离,再转移到尼龙膜等固相膜载体上,用放射性或非放射性标记的探针对固相膜上的 mRNA 进行杂交,洗膜去除非特异性结合杂交信号,经放射自显影或显色反应,对杂交信号进行分析。该技术主要用于检测样品中是否含有基因的转录产物(mRNA)及其含量。

二、实验目的

1. 掌握 Northern blot 技术的基本原理和实验步骤。

2. 了解 Northern blot 相关操作中的注意事项。

3. 掌握转膜的方法。

三、实验材料、仪器、试剂

1. 实验材料:总 RNA 样品或 mRNA 样品、探针模板 DNA(25 ng)、X 光底片、底片暗盒、尼龙膜、离心管、烧杯、量筒、三角瓶。

2. 实验仪器:恒温水浴箱、电泳仪、凝胶成像系统、真空转移仪、真空泵、UV 交联仪、杂交炉、恒温摇床、脱色摇床、漩涡振荡器、分光光度计、微量移液器、电炉(或微波炉)等。

3. 实验试剂:EB、双氧水、灭菌水、Northern Max Kit、琼脂糖、DEPC、Random Primer、dNTP Mixture、111 TBq/mM[a-32P]dCTP、Exo-free Klenow Fragment 和 10×Buffer、Sephadex G-50、SDS。试剂盒中会提供 ULTRAhyb、10×Denaturing Gel Buffer、10×MOPS Gel Running buffer、formaldehyde load dye、Low Stringency Wash Solution #1、High Stringency Wash Solution #2、RNAZaP、Transfer buffer 等。

1)1×Transfer buffer 配制如下:

(1)先配制成 10×Transfer buffer:

组分	10×Transfer buffer(800 mL)
甘氨酸	29 g
Tris	58 g
20% SDS	18.5 mL
ddH$_2$O	补足到 800 mL

(2)再配制成 1×Transfer buffer：

组分	1×Transfer buffer(1 L)
甲醇	200 mL
10×transfer buffer	80 mL
ddH$_2$O	补足到 1 L

2)10×MOPS Gel Running buffer：41.8 g MOPS 溶解在 700 mL DEPC 处理过的水中,用 NaOH 调节 pH 值至 7.0。加入 20 mL DEPC 处理的 1 mol/L 乙酸钠和 20 mL DEPC 处理的 0.5 mol/L EDTA(pH=8.0),定容至 1 L。过滤灭菌,室温避光保存。

3)STE 缓冲液(pH=8.0)：由 10 mmol/L Tris-HCl(pH=8.0),100 mmol/L NaCl,1 mmol/L EDTA(pH=8.0)组成,简称为 STE,属于 pH 缓冲液,经高压灭菌处理,可直接购买。

四、实验方法步骤

1.用具的准备。

(1)180 ℃烤器皿 4 h：三角锥瓶、量筒、镊子、刀片等。

(2)电泳槽：清洗梳子和电泳槽,并用双氧水浸泡过夜,用 DEPC 水冲洗,干燥备用。处理 DEPC·H$_2$O(2 L),备用。

(3)用 RNAZaP 去除用具表面的 RNase 污染,用 RNAZap 擦洗梳子、电泳槽、刀片等,然后用 DEPC·H$_2$O 冲洗 2 次,去除 RNAZap。

2.制胶。

(1)称取 0.36 mg 琼脂糖加入三角锥瓶中,加入 32.4 mL DEPC·H$_2$O 后,微波炉加热至琼脂糖完全熔解。60 ℃空气浴平衡溶液(需加 DEPC·H$_2$O 补充蒸发的水分)。

(2)在通风橱中加入 3.6 mL 10×Denaturing Gel Buffer,轻轻振荡混匀。注意尽量避免产生气泡。

(3)将熔胶倒入制胶板中,插上梳子,如果胶溶液上存在气泡,可以用热的玻璃棒或其他方法去除,或将气泡推到胶的边缘。注：胶的厚度不能超过 0.5 cm。

(4)胶在室温下完全凝固后,将胶转移到电泳槽中,加入 1×MOPS Gel Running Buffer 盖过胶面约 1 cm,小心拔出梳子(配制 250 mL 1×MOPS Gel Running Buffer,在电泳过程中补充蒸发的 buffer)。

3.RNA 样品的制备。在 RNA 样品中加入 3 倍体积的 formaldehyde load dye 和适当的 EB(终浓度为 10 μg/mL)。混匀后,65 ℃空气浴 15 min。短暂低速离心后,立即放置于冰上 5 min。

4.电泳。

(1)将 RNA 样品小心加到点样孔中。

(2)在 5 V/cm 的电压下跑胶(5×14 cm)。在电泳过程中,每隔 30 min 短暂停止电泳,取出胶,混匀两极的电泳液后继续电泳。当胶中的溴酚蓝(500 bp)接近胶的边缘时终止电泳。

(3)紫外灯下,检验电泳情况,并用尺子测量 18S、28S、溴酚蓝到点样孔的距离。注意不要让胶在紫外灯下曝光太长时间。

5.转膜。

(1)用 3% 双氧水浸泡真空转移仪后,用 DEPC·H$_2$O 冲洗。

(2)用 RNAZap 擦洗多孔渗水屏和塑胶屏,用 DEPC·H$_2$O 冲洗 2 次。

(3)连接真空泵和真空转移仪,剪取一块适当大小的膜(膜的四边缘应大于塑胶屏孔口的 5 mm),膜在 1×Transfer buffer 浸湿 5 min 后,放置在多孔渗水屏的适当位置。

(4)盖上塑胶屏,盖上外框,扣上锁。

(5)将胶的多余部分切除,切后的胶四边要能盖过塑胶屏孔,并至少盖过边缘约 2 mm,以防止漏气。

(6)将胶小心放置在膜的上面,膜与胶之间不能有气泡。

(7)打开真空泵,使压强维持在 50～58 mbar;立即将 Transfer buffer 加到胶面和四周。每隔 10 min 在胶面加上 1 mL Transfer buffer,真空转移 2 h。

(8)转膜后,用镊子夹住膜,于 1×MOPS Gel Running buffer 中轻轻泡洗 10 s,去除残余的胶和盐。

(9)用吸水纸吸取膜上多余的液体后,将膜置于 UV 交联仪中自动交联。

(10)将胶和紫外交联后的膜,在紫外灯下检测转移效率(避免太长的紫外曝光时间)。

(11)将膜在 −20 ℃保存。

6.探针的制备。

(1)在 1.5 mL 离心管中配制以下反应液:

模板 DNA(25 ng)	1 μL
Random Primer	2 μL
灭菌水	11 μL
总体积	14 μL

(2)95 ℃加热 3 min 后,迅速放置于冰上冷却 5 min。

(3)在离心管中按下列顺序加入以下溶液:

10×Buffer	2.5 μL
dNTP Mixture	2.5 μL
111 TBq/mmol[a-^{32}P]dCTP	5 μL
Exo-free Klenow Fragment	1 μL

（4）混匀后（25 μL），37 ℃下反应 30 min。短暂离心，收集溶液到管底。

（5）65 ℃加热 5 min 使酶失活。

7. 探针的纯化及比活性测定

（1）准备凝胶：将 1 g 凝胶加入 30 mL 的 DEPC·H_2O 中，浸泡过夜。用 DEPC·H_2O 洗涤膨胀的凝胶数次，以除去可溶解的葡聚糖。

（2）取 1 mL 一次性注射器，去除内芯推杆，将注射器底部用硅化的玻璃纤维塞住，在注射器中装填 Sephadex G-50 凝胶。

（3）将注射器放入一支 15 mL 离心管中，注射器把手架在离心管口上。1 600 r/min 离心 4 min，凝胶压紧后，补加 Sephadex G-50 凝胶悬液，重复此步骤直至凝胶柱高度达注射器 0.9 mL 刻度处。

（4）100 μL STE 缓冲液洗柱，1 600 r/min 离心 4 min，重复 3 次。

（5）倒掉离心管中的溶液后，将一去盖的 1.5 mL 离心管置于管中，再将装填了 Sephadex G-50 凝胶的注射器插入离心管中，注射器口对准 1.5 mL 离心管。

（6）将标记的 DNA 样品加入 25 μL STE，取出 0.5 μL 点样于 DE8 paper 上，其余上样于层析柱上。

（7）1 600 r/min 离心 4 min，流出的 DNA 被收集在去盖的离心管中，而未掺入 DNA 的 dNTP 则保留在层析柱中。取 0.5 μL 已纯化的探针点样于 DE8-paper。

（8）测比活性。

8. 预杂交：

（1）将预杂交液在杂交炉中 68 ℃预热，并用漩涡振荡器使未溶解的物质溶解。

（2）加入适当的 ULRAhyb 到杂交管中（以 100 cm^2 膜面积加入 10 mL ULRAhyb 杂交液），42 ℃预杂交 4 h。

9. 探针变性：

（1）用 10 mmol/L EDTA 将探针稀释 10 倍。

（2）将稀释后的探针在 90 ℃热处理 10 min 后，立即放置于冰上 5 min。

（3）短暂离心，将溶液收集到管底。

10. 杂交：

（1）将 0.5 mL ULTRAhyb 加入变性的探针中，混匀后，将探针加到预杂交液中。

（2）42 ℃杂交过夜（14～24 h）。杂交完后，将杂交液收集起来于-20 ℃保存。

11. 洗膜：

（1）低严紧性洗膜：加入 Low Stringency Wash Solution#1（100 cm^2 膜面积加入 20 mL 洗膜溶液），室温下，摇动洗膜 5 min，2 次。

（2）高严紧性洗膜：加入 High Stringency Wash Solution#2（100 cm^2 膜面积加入 20 mL 洗膜溶液），42 ℃摇动洗膜 20 min，2 次。

12. 曝光：

（1）将膜从洗膜液中取出，用保鲜膜包住，以防止膜干燥。

（2）检查膜上放射性浓度，估计曝光时间。

（3）将 X 光底片覆盖于膜上，曝光。

（4）冲洗 X 光底片，扫描记录结果。

13. 去除膜上的探针：

将 200 mL 0.1% SDS(由 DEPC·H_2O 配制)煮沸后,将膜放入,自然冷却到室温,取出膜,去除多余的液体,干燥后,可以保存几个月。

14. 杂交结果分析：

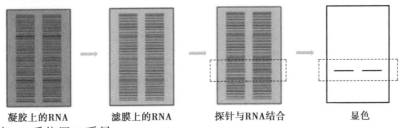

凝胶上的RNA　　　滤膜上的RNA　　　探针与RNA结合　　　显色

结果观察：一看位置二看量。

观察条带位置,确定序列是特定的序列;观察条带的粗细、明暗确定数量关系。

五、注意事项

1. 用于 RNA 电泳、转膜的所有器械及用具均须处理,以除去 RNase,以免样品降解。

2. 转膜时,注意膜和多孔渗水屏之间不要有气泡。

3. 实验中 RNA 用量较大,RNA 提取时应保证足够的 RNA 量。

4. 转膜时间要控制,转膜时间过长可能导致 RNA 透过膜。

5. 显影过程注意是否避光。

6. 操作载玻片的过程中要小心,以免载玻片碎裂。

六、思考题

1. Northern 杂交后续过程的试剂 0.1% SDS 能不能不用 DEPC 处理? 不处理会不会影响结果?

2. 以 Northern 杂交鉴定 RNA 在组织中的表达量,判断依据是否就是最后膜条带显影的亮度?

3. 杂交膜可否重复使用?

七、参考文献

[1] TRAYHURN P. Northern blotting[J]. Proceedings of the Nutrition Society,1996,55(1B):583-589.

[2] HE S L,GREEN R. Northern blotting[J]. Methods in Enzymology,2013,(530):75-87.

[3] JOSEFSEN K,NIELSEN H. Northern blotting analysis[M]//RNA. TotoWa,NJ:Humana Press,2010:87-105.

实验 4-4　实时荧光定量 PCR

一、实验原理

常规 PCR 中,扩增产物(扩增子)是通过终点法来分析检测的,即 PCR 反应结束后,DNA 通过琼脂糖凝胶电泳,然后进行成像分析。而荧光定量 PCR 可以在反应进行过程中进行累积扩增产物的分析和检测,即"实时"定量。在反应体系中加入荧光分子,通过荧光信号的按比例增加来反映 DNA 量的增加,使 PCR 产物的实时检测成为可能。满足实验目的的荧光化学物质包括 DNA 结合染料和荧光标记的序列特异引物或探针;专门的热循环仪配备荧光检测模块,用于监测扩增时的荧光,检测到的荧光信号反映了每个循环扩增产物的量。相对常规 PCR 而言,荧光定量 PCR 的主要优点在于能够准确地确定初始模板拷贝数并具有高的灵敏度。荧光定量 PCR 结果可以用于定性(判断一段序列的有无),也可以用于定量(确定 DNA 拷贝数),即 qPCR,而常规 PCR 只能做半定量。另外,荧光定量 PCR 的结果无须通过琼脂糖凝胶电泳来评估,大大节省实验时间,提高实验效率。此外,由于 PCR 反应和检测都在反应管中进行,样品污染的概率大大降低,无须扩增后的实验操作。

为了更好地了解荧光定量 PCR 原理,用样品扩增曲线来说明(图 4.5)。图中,X 轴表示 PCR 循环数,Y 轴表示扩增反应的荧光值,与反应管中扩增产物的量有比例关系。扩增曲线显示 2 个阶段,即指数增长阶段和之后出现的非指数平台阶段。在指数增长阶段,每个循环 PCR 产物量大约增加 1 倍。然而,随着反应的进行,反应体系组成成分被逐渐消耗,其中的一种或多种成分限制反应。此时,产物增长速度变慢,反应进入平台期(图 4.5 中 28~40 个循环)。反应最初,虽然产物是指数增长,但是荧光处于背景水平,检测不到荧光增加(图 4.5 中 1~18 个循环)。当累积了足够的扩增产物,可以产生可检测的荧光信号时,这个循环数称为初始循环数,即 C_T。由于 C_T 值处于指数期内,这时的反应成分不会抑制扩增反应进行,因此荧光定量 PCR 结果是可靠的,可以准确地反映反应体系中模板的初始量。C_T 值主要由扩增反应体

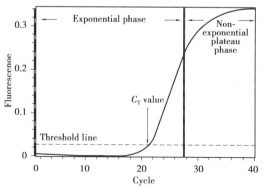

图 4.5　PCR 扩增图

系中模板的初始浓度决定。如果模板初始浓度高，只需要较少的扩增循环就可以累积足够的产物，产生高过背景的荧光信号，因此，反应就有一个小或早出现的 C_T；相反，如果模板初始浓度低，需要较多的扩增循环才能产生高过背景的荧光信号，反应就有一个大或迟出现的 C_T。两者之间关系的建立是荧光定量 PCR 用于定量的依据，后面将详细介绍用 C_T 值进行定量。

二、实验目的

1. 掌握实时荧光定量 PCR 的基本原理和实验步骤。
2. 掌握实时荧光定量 PCR 引物设计。
3. 了解实时荧光定量 PCR 操作中的注意事项。
4. 掌握实时荧光定量 PCR 仪的使用方法。

三、实验材料、仪器、试剂

1. 实验材料：引物、cDNA、1.5 mL EP 管、枪头、记号笔、剪刀、定量管子、96 孔板。
2. 实验仪器：微型离心机、振荡器、制冰机、实时荧光定量 PCR 仪、移液器等。
3. 实验试剂：DEPC·H_2O、SYBR Green Master Mix。

四、实验方法步骤

(一)引物和扩增子设计
成功的荧光定量 PCR 反应要求高效和特异性扩增产物，引物和靶序列都会影响扩增效率。因此在选择靶序列和设计引物时，必须考虑到这一点。满足实验设计要求的软件程序有很多，有免费的和商业付费的，Primer 5 就是一个很受欢迎的在线引物设计程序。

1. 扩增子设计遵循以下原则：

(1)扩增子长度 75 ~ 200 bp，片段越短扩增效率越高；但如果片段小于 75 bp，那么扩增子很难与可能存在的引物二聚体区分。

(2)尽可能地避免产生二级结构(推荐使用软件如 mfold 来预测扩增子在退火温度条件下是否形成二级结构)。

(3)模板尽量避免有长的(>4)单碱基重复。

(4)GC 含量为 50% ~ 60%。

2. 引物设计应遵循以下原则：

(1)引物的 GC 含量为 50% ~ 60%。

(2)熔解温度(T_m)为 50 ~ 65 ℃。计算 T_m 时，建议使用 50 mmol/L 盐浓度和 300 nmol/L 核苷酸浓度。

(3)避免产生二级结构，必要时引物结合位置设计在目标序列二级结构区域之外。

(4)避免超过 3 个 G 或 C 重复片段。

(5)引物末端碱基为 G 或 C。

（6）检查正向和反向引物确保 3′没有互补配对（避免引物二聚体形成）。

（7）用软件来检验引物的特异性，如 Basic Local Alignment Search Tool。

（8）如果检测基因内有内含子，尽量跨内含子设计引物，可以避免因基因组的污染产生的影响。

（二）退火温度的优化

SYBR Green Ⅰ PCR 实验反应体系如下：

体系	10 μL
含有 SYBR Green Ⅰ 的 PCR 反应液	5 μL
引物	0.5 μL
模板	***μL
ddH$_2$O	补足到 10 μL

注意：含有 SYBR Green Ⅰ 的 PCR 反应液（含有反应缓冲液、DNA 聚合酶、dNTPs 和 SYBR Green Ⅰ 染料，这种预混液可以从多个商家购买）。*** 表示根据实际模板浓度选择合适的量。

为了找到最佳的退火温度，建议在计算得到的 T_m 值上下一定范围内，优化退火温度。图 4.6 是一个退火温度优化的实验例子。在荧光定量 PCR 仪上设定退火温度梯度范围为 55 ~ 72 ℃，退火温度为 62.2 ℃时 C_T 值最小，因此选择此温度为反应的最佳退火温度。

由于 SYBR Green Ⅰ 染料与所有双链 DNA（dsDNA）结合，因此，有必要通过分析扩增产物来检查 qPCR 的特异性，可以利用荧光定量 PCR 仪上的熔点曲线功能，也可以用凝胶电泳分析扩增产物。图 4.7 显示的是图 4.6 中优化退火温度为 62.2 ℃时的熔点曲线和凝胶电泳分析结果。优化的 SYBR Green Ⅰ qPCR 反应的熔点曲线只有一个峰，对应的凝胶电泳如图 4.7 中显示的一条带。

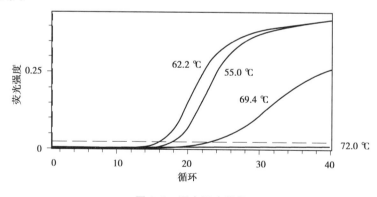

图 4.6　退火温度优化

在图 4.7 中，（a）为熔点分析曲线，用荧光强度变化的负一次导数与温度作图。（b）为扩增产物凝胶电泳分析。第 1 泳道显示分子量标记，范围为 100 ~ 1 500 bp；第 2 泳道显示单一的 PCR 产物，与图（a）中的峰对应。

通过熔点曲线分析来确定可能伴随特异性产物扩增同时出现的非特异性扩增产物。如图

4.8 所示,特异性产物熔点曲线峰 T_m 为 89 ℃,对应凝胶电泳图中上面的条带,非特异性产物熔点曲线峰 T_m 为 78 ℃,对应凝胶电泳图中下面的条带,可能由引物二聚体产生,建议重新设计反应的引物。

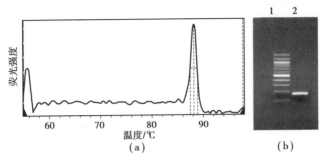

图 4.7 SYBR Green I 反应

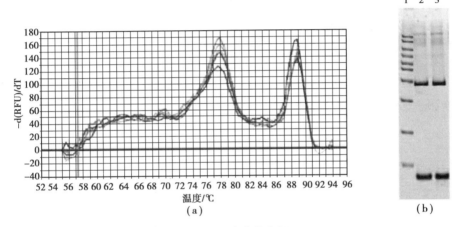

图 4.8 熔点曲线分析

此反应中有非特异性产物即引物二聚体产生,熔点曲线分析显示一个额外的峰。在图 4.8 中,(a)是荧光强度变化负一次导数与温度作图所得;(b)为 qPCR 产物凝胶电泳分析所得。第 1 泳道显示分子量标记,范围为 50 ~2 000 bp;第 2,3 泳道,显示(a)反应的 2 个重复样。

(三)用标准曲线进行 PCR 反应的评估

理想的扩增效率应为 90% ~105%,标准曲线的 $R^2 > 0.980$ 或 $r > |-0.990|$,同时重复样本的 C_T 值应相近。

一种有效的用来确定 qPCR 实验是否是最优化的方法:将模板稀释成一系列浓度梯度进行 PCR 反应,用这个结果作标准曲线,模板可以用已知浓度的样品(如纳克级的基因组 DNA 或多个拷贝的质粒 DNA)或未知浓度的样品(如 cDNA)。用模板初始量(或未知量样品的稀释倍数)的 log 值对每个稀释样品的 C_T 值作图,两者呈递减的线性关系,称为标准曲线。递减的直线关系等式和 Pearson 相关性系数(r)或可信度(R^2)常常被用来判断 qPCR 条件是否优化。

理论上,一系列稀释样品的扩增曲线之间有均匀的间距,如图 4.9 所示。如果产物在每一循环都加倍,荧光曲线之间的间距由等式"$2^n =$ 稀释倍数"决定,这里 n 是阈值线上扩增曲线之间的循环数(或称为 C_T 的差异)。例如,10 倍稀释的 DNA 样品,$2^n = 10$,因此,$n = 3.32$,C_T 值相差 3.32 个循环,由均匀间距的扩增曲线可以产生一个线性的标准曲线,如图 4.10 所示,图中显示等式和递减线性的 r 值。

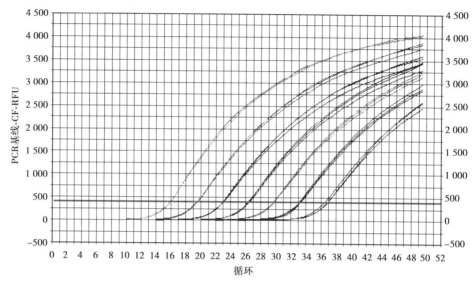

图 4.9　用实时定量 PCR 仪扩增 10 倍稀释模板的样品扩增曲线

相关系数:1.000　斜率:−3.436　　截距:40.055　　$Y=-3.436X+40.055$
PCR 效率:95.4%

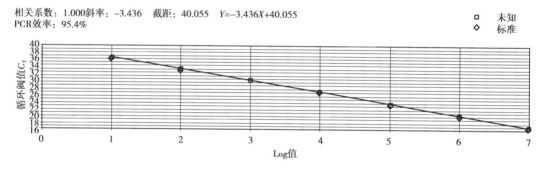

图 4.10　每个稀释样品的 C_T 值对初始模板量的 log 值作的标准曲线

标准曲线的 r 或 R^2 值显示实验数据满足衰减的线性程度,即数据的线性程度。线性扩增用来衡量重复样品数据是否一致和不同拷贝数的初始模板是否具有相同的扩增效率。如果重复样品的 C_T 值明显不同,r 或 R^2 值会变低,应该优化反应条件,保证 qPCR 反应的 r 的绝对值>0.990 或 R^2 值>0.980。

图中显示递减直线的等式和 r 值,计算的扩增效率为 95.4%。

扩增效率 E 与标准曲线的斜率相关,计算方程等式如下:

$$E = 10^{\frac{-1}{斜率}}$$

理论上,在每个指数扩增循环中,PCR 产物的量加倍,即 PCR 产物 2 倍增加,反应效率为 2。在上面等式中反应效率等于 2,即 $2=10^{-1/斜率}$,那么,优化的标准曲线斜率应为−3.32,斜率的绝对值与上面的荧光曲线间距相同。

扩增效率用百分率表示,即每个循环扩增模板的百分比,将扩增效率 E 转换成百分率为:

$$效率 = (E - 1) \times 100\%$$

对于一个理想的反应,效率 $= (2-1) \times 100\% = 100\%$。

图 4.10 中显示的反应如下:

$$E = 10^{-(1/-3.436)} = 1.954$$

$$效率 = (1.954 - 1) \times 100\% = 95.4\%$$

每个循环的终点,扩增子的拷贝数增加 1.95 倍,或 95.4% 的模板被扩增。

扩增效率接近 100% 是优化的重复性好的实验的最好标志。实际操作时,反应的扩增效率应该为 90% ~ 105%,如果扩增效率低,可能的原因是引物设计不当,或者反应条件未优化;扩增效率 >100%,可能的原因是系列稀释样品加样错误,或者有非特异性产物扩增,如引物二聚体产生。用上述方法确定扩增效率,反应体系中反应抑制剂的出现也可能导致扩增效率的明显增加,原因是含有高浓度模板的样本通常也含有高浓度的抑制剂,导致反应的 C_T 延迟出现,而低浓度模板的样本中抑制剂的浓度低,反应的 C_T 延迟的程度最小,导致斜率的绝对值以及计算所得的扩增效率会增加。如果扩增效率小于 90% 或大于 105%,建议重新设计引物或探针。

(四)荧光定量 PCR 数据分析(相对定量)

用内参基因(如 GAPDH 或 β-actin)而不用质量单位作为标准的优点是,这个方法能准确量化初始材料的载量,尤其当初始材料载量受限时,进行相对基因表达分析实验十分方便。相对定量比较多个样本,样本之一常被选为参照。在其他所有样本中目标基因的表达都参照上调或下调,通常用未处理的或基准样本作为校准样本。以 p53 基因表达检测为实验,人们可以选择正常卵巢细胞为校准样本,以癌细胞为实验样本,为确定试验样本和校准样本中目标基因的相对表达量,以参照基因为标准,目标基因和参照基因的表达水平都需要用 RT-qPCR 来确定,即需要确定 C_T 值,见表 4.2。

表 4.2 以参照基因为标准的相对定量 C_T 值

基因类别	试验样本 Test	校准样本 Calibrator(cal)
目标基因(Target gene)	$C_{T(target,test)}$	$C_{T(target,cal)}$
参照基因(Reference gene)	$C_{T(ref,test)}$	$C_{T(ref,cal)}$

在确定 C_T 值之后,可以用不同的方法来确定实验样本相对于校准样本目标基因的相对表达水平,目前普遍采用的一种操作简便的方法是 Livak 法,即 $2^{-\Delta\Delta C_T}$ 法,该方法的前提条件是目标基因和参照基因扩增效率都接近 100%,且相互间效率偏差在 5% 以内。

在使用 $2^{-\Delta\Delta C_T}$ 法之前,必须验证目标基因和参照基因的扩增效率,其方法如步骤(三)所述,然后再分析不同样本中目标基因表达水平的相对差异,步骤如下:首先,对所有的测试样本和校准样本,用内参基因的 C_T 值归一目标基因的 C_T 值:

$$\Delta C_{T(test)} = C_{T(target,test)} - C_{T(ref,test)}$$

$$\Delta C_{T(calibrator)} = C_{T(target,calibrator)} - C_{T(ref,calibrator)}$$

其次,用校准样本的 ΔC_T 值归一试验样本的 ΔC_T 值:

$$\Delta\Delta C_T = \Delta C_{T(test)} - \Delta C_{T(calibrator)}$$

最后,计算表达水平比率:

$$2^{-\Delta\Delta C_T} = 表达量的比值$$

得到的结果是通过参照基因表达水平校准的试验样本中目标基因相对于校准样本的增加或减少的倍数,用参照基因校准目标基因表达的目的是弥补样本组织量的差异。

以下举例说明如何使用 $2^{-\Delta\Delta C_T}$ 法来决定一个目标基因(p53)在肿瘤和正常卵巢组织的表达的相对水平。

例子:正常和肿瘤组织 50 ng RNA 得到的 cDNA 用来分析 p53(目标基因)和 GAPDH(参照基因)。GAPDH 用来作为参照是因为以前的研究表明这个基因在正常和肿瘤组织中没有差异。p53 和 GAPDH 基因在正常和肿瘤组织中的 C_T 值见表 4.3。

表 4.3 p53 和 GAPDH 基因在正常和肿瘤组织中的 C_T 值

样品	C_T p53(目标基因)	C_T GAPDH(参照基因)
正常(校准样本)	15.0	16.5
肿瘤(试验样本)	12.0	15.9

为了用 $2^{-\Delta\Delta CT}$ 法进行相对定量分析,在检测和校准的样品中靶基因的 C_T 值和内参的 C_T 值进行归一化:

$$\Delta C_T(正常) = 15.0 - 16.5 = -1.5$$
$$\Delta C_T(肿瘤) = 12.0 - 15.9 = -3.9$$

然后,试验样本的与校准样本的 ΔC_T 值进行归一化:

$$\Delta\Delta C_T = \Delta C_T(肿瘤) - \Delta C_T(正常) = -3.9 - (-1.5) = -2.4$$

最后,计算表达比率:

$$2^{-\Delta\Delta C_T} = 2^{-(-2.4)} = 5.3$$

因此,肿瘤细胞的 p53 表达水平比正常细胞高 5.3 倍。

(五)定量 PCR 仪操作

1.首先单击左侧按钮 Open Lid(尽可能避免用手打开热盖)打开仪器热盖,样品放入 PCR 仪加热模块,戴 PVP 手套将所有管子的盖子按紧,打开桌面的 Bio-Rad CFX Manager 程序,界面如图 4.11 所示。

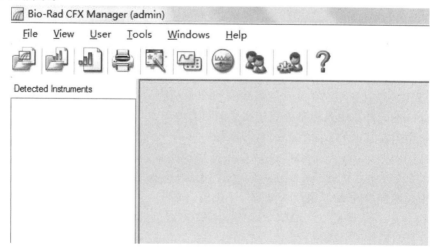

图 4.11 Bio-Rad CFX Manager 界面

2. 单击"File"→"New"→"Protocol...",选择新建程序,如图 4.12 所示。

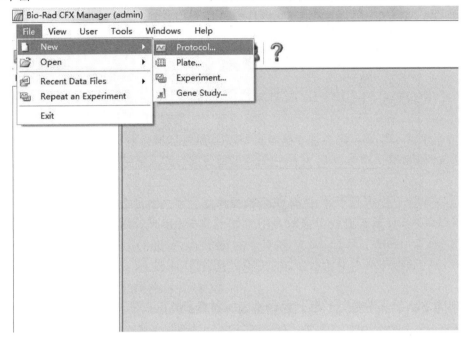

图 4.12 新建程序

3. 仪器给出基本程序,可在程序中修改成用户需要的参数,如图 4.13 所示。

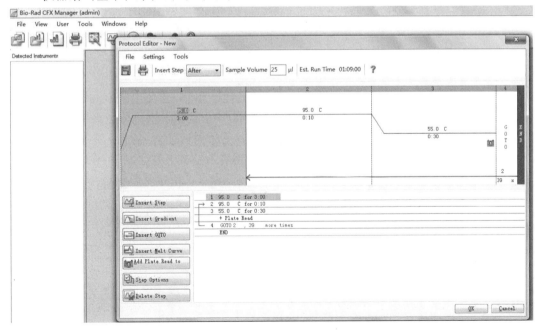

图 4.13 基本程序界面

4. 添加熔解曲线,图标点在 GOTO 位置,单击左侧 Insert Melt Curve 图标,如图 4.14 所示。

5. 如图 4.15 所示即可编辑带有熔解曲线程序的 protocol。

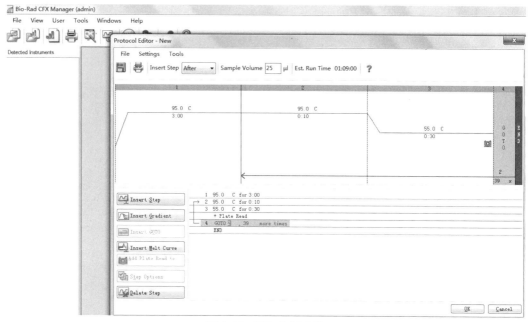

图4.14　添加熔解曲线

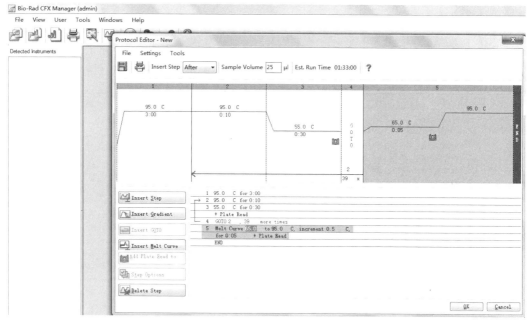

图4.15　熔解曲线程序的编辑界面

6.编辑好程序即可单击"OK"按钮,系统提示保存文件,保存好之后单击右下角"Next"按钮进入下一个操作环节编辑 plate,如图4.16所示。

7.选择"Creat New"编辑新 plate,如图4.17所示。

8.选择"SYBR/FAM only"为扫描荧光的模式,初步选择"Unkown"为样品类型,目标基因名字命名都在右侧表框,完成后单击"OK"按钮,系统提示保存完成后,单击右下角"Next"进入下一个环节,如图4.18所示。

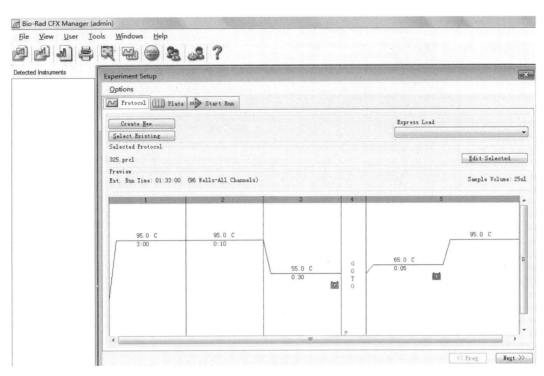

图 4.16 设置完成的定量 PCR 程序界面

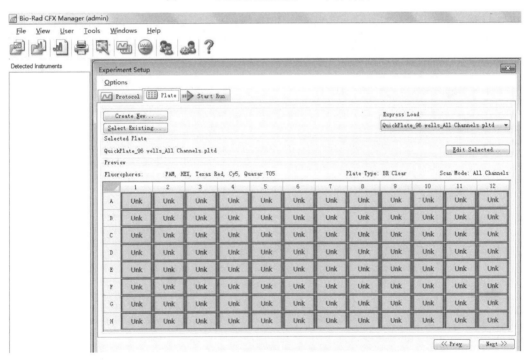

图 4.17 样品排版界面

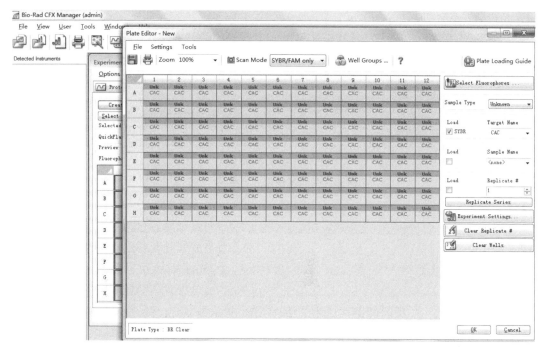

图4.18　选择扫描荧光模式以及样品类型的界面

9.单击 Close Lid(注意不要用手将热盖按下,全部由计算机软件操作即可),关闭荧光定量 PCR 仪热盖,单击"Start Run on Selected Block(s)",系统提示保存数据文件,保存完成后,系统自动开始运行,如图4.19 所示。

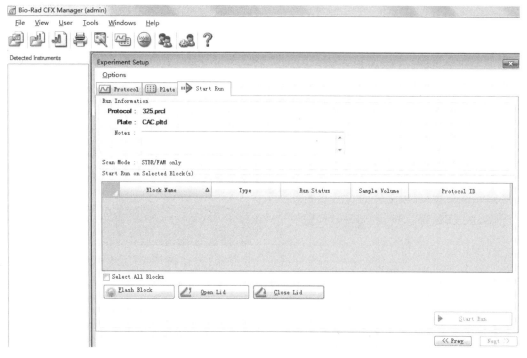

图4.19　荧光定量 PCR 程序运行前所示界面

(六)定量 PCR 仪(CFX96)表达分析

1.单击 Gene Study 按钮进入如图 4.20 所示的界面。

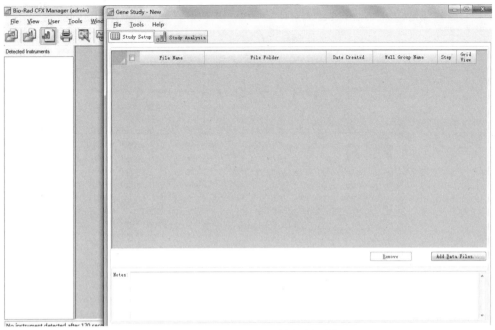

图 4.20 单击 Gene Study 按钮所示界面

2.将所要分析的数据文件添加到 Gene Study 程序中,如图 4.21 所示。

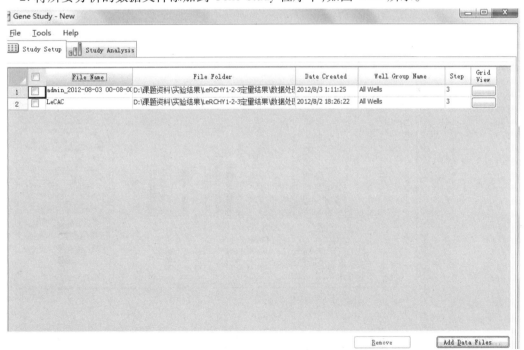

图 4.21 添加数据文件到 Gene Study 程序所示界面

3. 单击 Study Analysis 按钮进入分析界面,单击左侧的 Experiment Settings 按钮进入设置界面,选择内参基因(LeCAC),单击"OK"按钮,如图 4.22 所示。

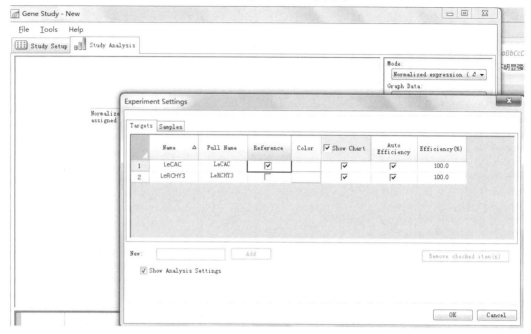

图4.22　设置内参基因界面

4. 软件自动分析的结果即可呈现,也可将数据保存成 Excel 文件用其他软件进行分析,如图4.23 所示。

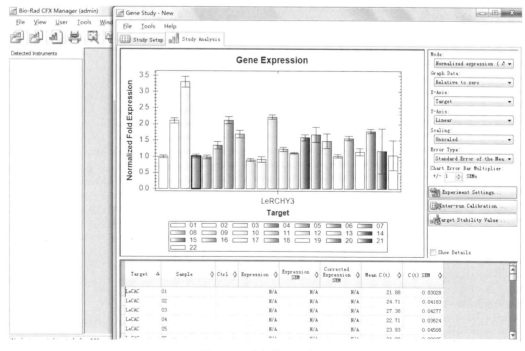

图4.23　分析结果示意图

(七)定量 PCR 仪(CFX96)特定基因标准曲线绘制

由于标准曲线的做法在步骤(三)已经做了较为详细的说明,程序的设置部分已经在步骤(五)中说得比较清楚,因此本部分仅就 plate 的设置特殊性进行描述。

1. 绘制标准曲线同样要做 NTC 对照以检测操作污染的风险。

2. 编辑 plate 时"Sample Type"选择"Standard",如图 4.24 所示;Replicate 选项中由于每个模板浓度有 3 个重复且都是竖直方向,因此在选项中选择 Replicate 为 3,方向选择 verticle。

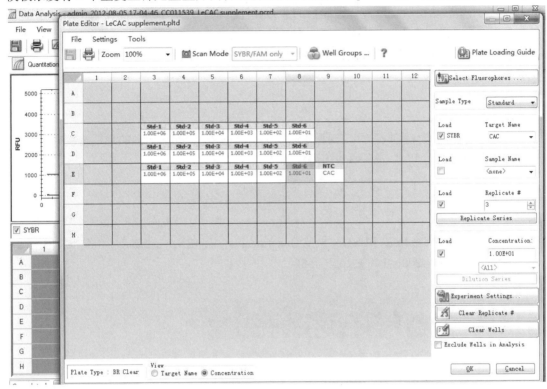

图 4.24 绘制特定基因标准曲线的排版示例

3. Dilution series(图 4.25)中选择"1.00E+06"为稀释倍数(因为样品是 10 倍梯度稀释),由于样品从左到右为浓度逐渐降低,因此选择"Decreasin"即可,单击"OK"即可完成 plate 编辑,待程序运行结束后,软件会自动将绘制好的标准曲线呈现。

图 4.25 Dilution series 设置界面

五、注意事项

1. 正确的实验技巧是成功的荧光定量 PCR 反应的要素。为得到最佳的实验结果,实验人员要尽可能减少样品间交叉污染的可能,避免将核酸从一个实验带入下一个实验。以下措施有助于避免实验污染问题:

(1)用稀释的漂白剂抹擦工作台。

(2)在指定地点准备样品,样品准备与 PCR 扩增分开在不同的区域,注意避免质粒或扩增子污染样品准备区,绝不要将扩增后产物带入指定洁净区。

(3)在样品准备和配制反应液过程中勤换手套。

(4)使用专用的移液器和枪头。

(5)使用 PCR 级的水和定量 PCR 专用试剂进行 PCR 实验。

(6)最好用带旋盖的 EP 管稀释和配制反应液。

2.除了注意以上事项,在进行 PCR 实验时,还应准备一个无模板的对照来验证有无污染发生,而且用热启动酶防止反应开始之前的非特异性扩增。为最小化实验结果的统计学偏差,先制备混合反应液,建议所有样本进行 3 次试验。

3.大剂量包装的反应试剂,使用前进行分装,尽量减少试剂的反复冻融。

六、思考题

1.在进行实时荧光定量 PCR 之前,如何确定引物的最适温度、模板的最适浓度?

2.实时荧光定量 PCR 都有哪些用途?

七、参考文献

[1] NOLAN T,HANDS R E,BUSTIN S A. Quantification of mRNA using real-time RT-PCR[J]. Nature Protocols,2006,1(3):1559-1582.

实验 4-5　转录组测序及数据分析

一、实验原理

转录组测序(RNA sequencing,RNA-Seq)是指利用第二代高通量测序技术进行 cDNA 测序,全面快速地获取某一物种特定器官或组织在某一状态下的几乎所有转录本。随着后基因组时代的到来,转录组测序成为率先发展且应用相对广泛的技术。最早广泛应用的测序技术为 20 世纪 70 年代的 Sanger 法,这也是完成人类基因组计划的基础,因其测序通量低、费时费力,科学家们一直在寻求通量更高、速度更快、价格更便宜、自动化程度更高的测序技术。自 2005 年以来,以 Roche 公司的 454 技术、Illumina 公司的 Solexa 技术以及 ABI 公司的 SOLiD 技术为标志的高通量测序技术相继诞生。近年来测序技术的高速发展使得众多生物物种的基因组序列可以在很短的时间内测出,为整个生物学研究带来了极大的突破。相比之下,第二代高通量测序技术在准确率、延长度和性价比等 3 个方面都明显优于一代测序,因此又被广泛应用于转录组的研究中,从而发展成为转录组测序,所获得的海量数据经过专业生物信息软件的比对、组装等分析后,就可以还原出不同时空条件下不同组织或细胞中基因表达的各类特征。第二代高通量测序的基本流程如图 4.26 所示。

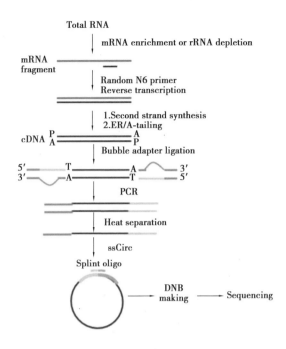

图 4.26 RNA-Seq 的基本流程

RNA-Seq 技术能够在单核苷酸水平对任意生物种的整体转录进行检测,不仅可以分析转录本的结构和表达水平,还能够发现未知转录本和稀有转录本,准确地识别可变剪切位点以及cSNP(编码序列单核苷酸多态性),使得到的转录组信息更为全面,便于进一步注释分类。与基因芯片相比,RNA-Seq 无须预先设计探针即可对特定条件下任意物种生长发育阶段整体转录活动进行检测,提供更精确的数字化信号、更高的检测通量以及更广泛的检测范围,因而其成为目前深入研究转录组复杂变化活动的强大且颇具优越性的技术手段。

二、实验目的

1.了解转录组测序的基本原理。

2.了解转录组测序的一般步骤。

3.掌握转录组测序数据的分析方法。

三、实验材料、仪器、试剂

1.实验材料:植物组织、磁珠、凝胶破裂管、5 μm 过滤管、一次性吸头、一次性薄壁离心管。

2.实验仪器:凝胶成像仪、琼脂糖凝胶电泳仪、Nanodrop 分光光度计、PCR 仪、Bioanalyzer 2100、QUBIT 2.0 FLUOROMETER。

3.实验试剂:Trizol、琼脂糖、oligo-dT、氢氧化钠、DNA 聚合酶、dNTP、NEBNext Ultra RNA Library Prep Kit for lllumina、NEBNext Poly(A)mRNA Magnetic Isolation Module、RNA 6000 Pico chip、High Sensitivity DNA Assay Kit、RNA 6000 Nano chip、DNA Quantification Standards and Primer Premix Kit。

四、实验方法步骤

(一)建库测序

1. RNA 提取与检测。从组织或细胞中提取 RNA,随后对 RNA 样品进行严格质控,质控标准主要包括以下 4 个方面:

(1)琼脂糖凝胶电泳:分析样品 RNA 完整性及是否存在 DNA 污染。

(2)NanoPhotometer spectrophotometer:检测 RNA 纯度($OD_{260/280}$ 及 $OD_{260/230}$ 比值)。

(3)Qubit2.0 Fluorometer:RNA 浓度精确定量。

(4)Agilent 2100 bioanalyzer:精确检测 RNA 完整性。

2. 文库构建。

mRNA 的获取主要有两种方式:一是利用真核生物大部分 mRNA 都带有 polyA 尾的结构特征,通过 Oligo(dT)磁珠富集带有 polyA 尾的 mRNA;二是从总 RNA 中去除核糖体 RNA,从而得到 mRNA。随后在 NEB Fragmentation Buffer 中用二价阳离子将得到的 mRNA 随机打断,按照 NEB 普通建库方式或链特异性建库方式进行建库。

NEB 普通建库:以片段化的 mRNA 为模板,随机寡核苷酸为引物,在 M-MuLV 逆转录酶体系中合成 cDNA 第一条链,随后用 RNaseH 降解 RNA 链,并在 DNA polymerase Ⅰ 体系下,以 dNTPs 为原料合成 cDNA 第二条链。纯化后的双链 cDNA 经过末端修复、加 A 尾并连接测序接头,用 AMPure XP beads 筛选 200 bp 左右的 cDNA,进行 PCR 扩增并再次使用 AMPure XP beads 纯化 PCR 产物,最终获得文库。建库原理如图 4.27(a)所示。

链特异性建库:逆转录合成 cDNA 第一条链方法与 NEB 普通建库方法相同,不同之处在于合成第二条链时,dNTPs 中的 dTTP 由 dUTP 取代,之后同样进行 cDNA 末端修复、加 A 尾、连接测序接头和长度筛选,然后先使用 USER 酶降解含 U 的 cDNA 第二链再进行 PCR 扩增并获得文库。链特异性文库具有诸多优势,如相同数据量下可获取更多有效信息;能获得更精准的基因定量、定位与注释信息;能提供反义转录本及每一 isoform 中单一 exon 的表达水平。建库原理如图 4.27(b)所示。

3. 文库质检。

文库构建完成后,先使用 Qubit 2.0 Fluorometer 进行初步定量,稀释文库至 1.5 ng/ μL,随后使用 Agilent 2100 bioanalyzer 对文库的 insert size 进行检测,insert size 符合预期后,qRT-PCR 对文库有效浓度进行准确定量(文库有效浓度高于 2 nmol/L),以保证文库质量。

4. 上机测序。

库检合格后,把不同文库按照有效浓度及目标下机数据量的需求 pooling 后进行 Illumina 测序。测序的基本原理是边合成边测序。在测序的 flow cell 中加入 4 种荧光标记的 dNTP、DNA 聚合酶以及接头引物进行扩增,在每一个测序簇延伸互补链时,每加入一个被荧光标记的 dNTP 就能释放出相对应的荧光,测序仪通过捕获荧光信号,并通过计算机软件将光信号转化为测序峰,从而获得待测片段的序列信息。测序过程如图 4.28 所示。

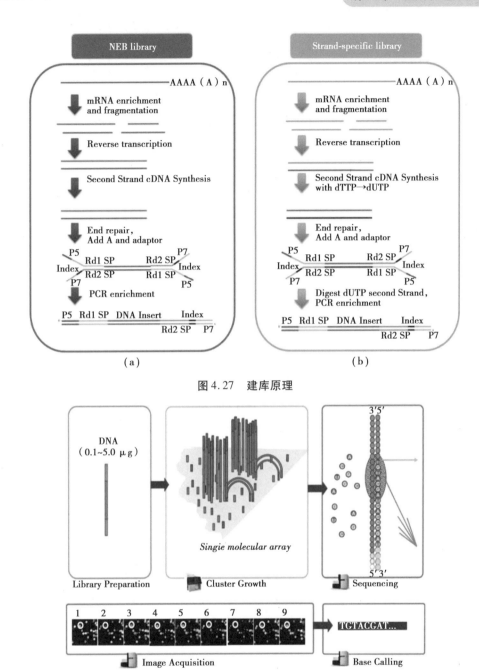

图4.27 建库原理

图4.28 测序过程

5. 数据分析。

RNA-seq 的核心是基因表达差异的显著性分析,使用统计学方法,比较两个条件或多个条件下的基因表达差异,从中找出与条件相关的特异性基因,然后进一步分析这些特异性基因的生物学意义,分析过程包括质控、比对、定量、差异显著性分析、功能富集 5 个环节,如图 4.29 所示。另外可变剪接、变异位点、新基因预测也是 RNA-seq 的重要分析内容。

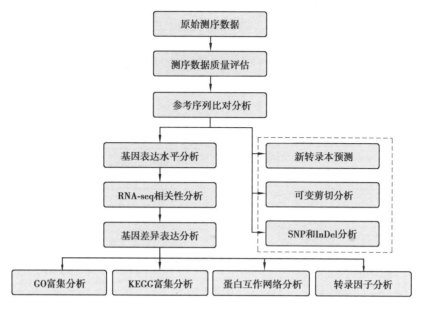

图 4.29　数据分析流程

(二)质控分析

1. 数据过滤。测序获得的原始数据中包含少量带有测序接头或测序质量较低的 reads,如图 4.30 所示。为了保证数据分析的质量及可靠性,需要对原始数据进行过滤,过滤内容如下:

(1)去除带接头(adapter)的 reads。

(2)去除含 N(N 表示无法确定碱基信息)的 reads。

(3)去除低质量 reads(Q_{phred}≤20 的碱基数占整个 read 长度的50%以上的 reads)。

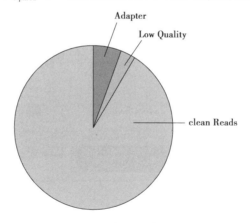

图 4.30　原始数据过滤成分统计

不同颜色比例分别代表不同组分的比例:

(1)Adapter related:带接头的 reads 所占比例。

(2)Containing N:带 N 碱基的 reads 所占比例。

(3)Low quality:测序质量低的 reads 所占比例。

(4)Clean reads:clean reads 所占比例。

2.测序错误率分布。测序过程本身存在发生机器错误的可能性,测序错误率分布检查可以反映测序数据的质量,序列信息中每个碱基的测序质量值保存在 FASTQ 文件中。如果测序错误率用 e 表示,Illumina 的碱基质量值用 Q_{phred} 表示。Illumina Casava 1.8 版本碱基识别与 Phred 分值之间的简明对应关系见表 4.4。

表 4.4　Illumina Casava 1.8 版本碱基识别与 Phred 分值之间的简明对应关系

Phred 分值	不正确的碱基识别	碱基正确识别率	Q-source
10	1/10	90%	Q10
20	1/100	99%	Q20
30	1/1 000	99.9%	Q30
40	1/10 000	99.99%	Q40

当前 RNA-seq 测序技术,测序错误率分布存在以下两个特征:

(1)测序错误率随着测序序列(Sequenced Reads)长度的增加而升高。这是测序过程中化学试剂的消耗导致的,为 Illumina 高通量测序平台所具有的特征。

(2)前 6 个碱基具有较高的测序错误率,此长度恰好为 RNA-seq 建库过程中反转录所需的随机引物长度。前 6 个碱基测序错误率较高是因为随机引物和 RNA 模板的不完全结合。

此特征为 Illumina 高通量测序平台的共有特征。测序数据的错误率分布如图 4.31 所示。图中横坐标为 reads 的碱基位置,纵坐标为单碱基错误率。

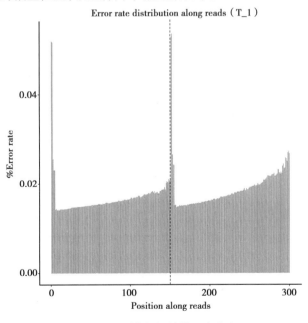

图 4.31　测序数据的错误率分布

3.GC 含量分布。核苷酸序列中鸟嘌呤(G)和胞嘧啶(C)所占的比例称为 GC 含量。GC 含量在物种间存在一定特异性,但由于反转录过程中所使用的 6 bp 随机引物,会引起前几位碱基在核苷酸组成上有一定偏好性,产生正常波动,随后则趋于稳定。对于 NEB 普通建库方法,由于序列的随机性打断和双链互补等原则,理论上测序读段在每个位置的 GC 及 AT 含量应分别相等,且在整个测序过程基本稳定不变,呈水平线。而对于链特异性建库而言,只保留了单链信息,可能会出现 AT 分离或 GC 分离现象,如图 4.32 所示。

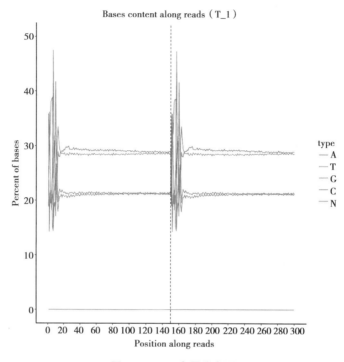

图 4.32　GC 含量分布图

4. 数据质量汇总。经过原始数据过滤、测序错误率检查、GC 含量分布检查,获得后续分析使用的 clean reads,数据质量汇总见表 4.5。

表 4.5　数据质量汇总

sample	raw_reads	clean_reads	clean_bases	error_rate	$Q20$	$Q30$	GC_pct
WT_1	35368780	34678224	10.4G	0.02	97.44	92.75	41.85
WT_2	32510257	32203589	9.66G	0.02	97.72	93.30	42.19
T_1	28208301	27953105	8.39G	0.02	97.56	92.90	42.39
T_2	21493994	21254403	6.38G	0.02	96.45	90.63	42.44

注:(1)sample:样品名。

(2)raw_reads:原始数据中的 reads 数。

(3)clean_reads:原始数据过滤后的 reads 数。

(4)clean_bases:原始数据过滤后的碱基数。

(5)error_rate:数据整体测序错误率。

(6)$Q20$:Phred 数值大于 20 的碱基占总碱基的百分比。

(7)$Q30$:Phred 数值大于 30 的碱基占总碱基的百分比。

(8)GC_pct:clean reads 中 G 与 C 占 4 种碱基的百分比。

（三）比对分析

测序序列定位算法：选取 HISAT 软件将过滤后的测序序列进行基因组定位分析。HISAT 采用全局和局部搜索的方法能够有效的比对到 RNA Seq 测序数据中的 spliced reads，是目前比对率最高且最准确的比对软件。在分析过程中，采用软件默认参数。图 4.33 所示为使用 HISAT 进行 spliced reads 比对的算法示意图。

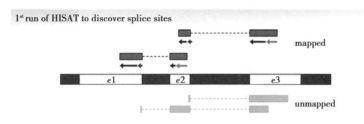

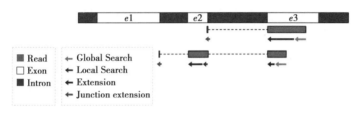

图 4.33　HISAT 进行 spliced reads 比对的算法示意图

HISAT2 的算法主要分为 3 个部分：将测序序列整段比对到基因组单外显子；将测序序列分段比对到基因组的两个外显子上；将测序序列分段比对到基因组 3 个以上（含 3 个）外显子。

如果参考基因组选择合适，而且相关实验不存在污染，实验所产生的测序序列的定位的百分比正常情况下会高于 70%（Total Mapped Reads or Fragments），其中具有多个定位的测序序列（Multiple Mapped Reads or Fragments）占总体的百分比通常不会超过 10%。

1. 比对率统计：

（1）total_reads：测序序列经过测序数据过滤后的数量统计（Clean data）。

（2）total_map：能定位到基因组上的测序序列的数量的统计；一般情况下，如果不存在污染并且参考基因组选择合适的情况下，这部分数据的百分比大于 70%。

（3）unique_map：在参考序列上有唯一比对位置的测序序列的数量统计。

（4）multi_map：在参考序列上有多个比对位置的测序序列的数量统计；这部分数据的百分比一般会小于 10%。

（5）splice_map：total_map 中分段比对到两个外显子上的测序序列（也称为 Junction reads）的统计。

2. 比对区域分布。根据比对结果，分别统计 reads 在基因组外显子区域，内含子区域以及基因间区所占的比例。一般模式物种的基因组注释较为完善（如人和小鼠），其比对到外显子区域的比例最高。比对到内含子区域的 reads 可能来源于前体 mRNA 或可变剪接事件滞留的内含子。比对到基因间区的 reads，可能来源于 ncRNA 或少许 DNA 片段污染，也可能是基因组注释还不够完善。所有样本的测序 reads 在基因组区域分布情况如图 4.34 所示。

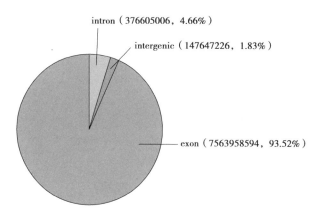

图 4.34　所有样本的测序 reads 在基因组区域分布情况

(四)新基因预测

采用 StringTie 进行新基因预测。StringTie 应用网络流算法以及可选的从头组装来拼接转录本。相对于 Cufflinks 等软件,StringTie 有以下优势:

(1)拼接出更完整的转录本;

(2)拼接出更准确的转录本;

(3)更好地估计转录本的表达水平;

(4)拼接速度更快。

采用 StringTie 进行新基因预测的具体流程如图 4.35 所示。

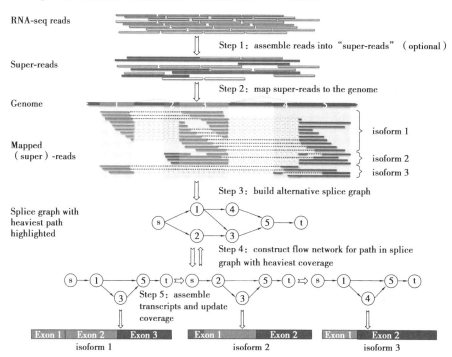

图 4.35　采用 StringTie 进行新基因预测的具体流程

Step 1:(可选的)将 reads 组装成"Super-reads"。如果两个 reads 间有 k-mer 的 overlap 就

进行延伸,直到两个方向都不再能延伸位为止,最后组装成更长的序列,被称为"Super-reads"。

Step 2:将 reads mapping 到参考基因组。StringTie+SR 方法使用的是混合 reads,即 super-reads 和 unassembled-reads,而 StringTie 使用的是测序得到的所有 reads。

Step 3:经 reads mapping 将 reads 聚集成 cluster,对产生的每个 cluster 构建相应的可变剪切图。每个可变剪切代表基因所有可能的转录本异构体。

Step 4:从可变剪切图中识别有最高 reads 覆盖的路径,对该路径构建流网络。

Step 5:利用网络流算法来分配 reads 给转录本,使转录本覆盖的 reads 数目最多。

Step 6:去除剪切图中在 Step 5 使用过的 reads,迭代进行 Step 4—Step 5,直到没有路径可循。

(五)定量分析

featureCounts 利用高效的染色体拆分和特征模块的技术,核心算法是:分级数据结构。先对染色体拆分成 bin,在 bin 中拆分 blocks,在 blocks 中拆分 feature。

featureCounts 有两种重要的特征值:features 和 meta-features。其中 features 通常对应于注释文件(GTF)的 exon,meta-features 通常对应于注释文件的 gene。在每个染色体上的 features 根据起始位置进行排序,将染色体分成大小为 128 Kb 的没有重叠的 Bins,根据 features 的起始位置分配到对应的 Bin 中,其中图 4.36 中的实线表示 features。在每一个 Bin 中连续的 features 中数量相等地分类成相同的模块(Block),其中在每一个 Bin 中 Block 的数量与在这个 Bin 中 features 的数目的平方根相等。图 4.36 中搜索的 reads 首先与基因组的 Bins 进行比较,然后再与 Bin 中的 blocks 比较,最后与 blocks 中的 features 进行比较,最终的 read 的定位结果是定位到了第 i 个 Bin 中的第一个 blocks,且 read 与 blocks 中的两个 features 有重叠,即 junction read。

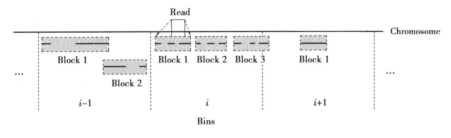

图 4.36 分级数据结构示意图

1. 表达水平定量:

(1)ID:基因编号。

(2)Sample:各样本原始的 readcount 值。

(3)gene_name:基因名称。

(4)gene_chr:基因所在的染色体名称。

(5)gene_start:基因在染色体的起始位置。

(6)gene_end:基因在染色体的终止位置。

(7)gene_strand:基因所在的正负链信息。

(8)gene_length:基因长度。

(9)gene_biotype:基因类型。

（10）gene_description：基因功能描述。

2.表达水平分布。RNA-seq 的基因表达值通常用 Fpkm 表示。先对测序深度进行校正，再对基因或转录本的长度进行校正。计算各样本所有基因或转录本的表达值（Fpkm）后，通过盒形图展示不同样本基因或转录本表达水平的分布情况，如图 4.37 所示。

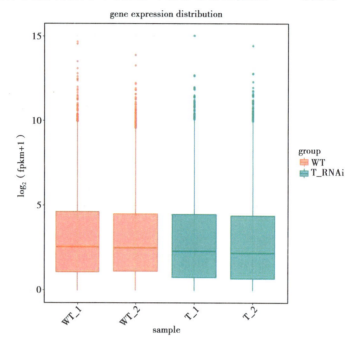

图 4.37　不同样本基因或转录本表达水平的分布图

注：不同实验条件下，表达水平盒形图，其中横坐标为样品（组）名称，纵坐标为 $\log_2(\mathrm{fpkm}+1)$，每个区域的盒形图对应五个统计量（自上而下分别为最大值、上四分位数、中值、下四分位数和最小值）。

3.相关性分析。生物学重复是任何生物学实验所必需的，高通量测序技术也不例外。生物学重复主要有两个用途：一个是证明所涉及的生物学实验操作是可以重复的且变异不大，另一个是为了确保后续的差异基因分析得到更可靠的结果。样品间基因表达水平相关性是检验实验可靠性和样本选择是否合理的重要指标。相关系数越接近 1，表明样品之间表达模式的相似度越高。Encode 计划建议 Pearson 相关系数的平方（R^2）大于 0.92（理想的取样和实验条件下）。具体的项目操作中，要求生物学重复样品间 R^2 至少要大于 0.8，否则需要对样品做出合适的解释，或者重新进行实验。根据各样本所有基因的表达值 FPKM，计算组内及组间样本的相关性系数，绘制成热图，可直观显示组间样本差异及组内样本重复情况。样本间相关性系数越高，其表达模式越为接近。样本相关性热图如图 4.38 所示。

（六）差异分析

基因差异表达分析的输入数据为基因表达水平分析中得到的 readcount 数据，分析主要分为 3 个部分：首先对 readcount 进行标准化（normalization）；然后根据模型进行假设检验概率（p）的计算；最后进行多重假设检验校正，得到 FDR 值（错误发现率）。

针对不同情况，会采用不同的软件进行基因差异表达的分析。分析方法见表 4.6。

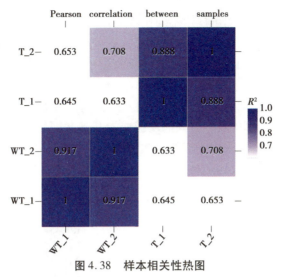

图 4.38　样本相关性热图

表 4.6　基因差异表达分析方法

类型	软件	标准化方法	Pvalue 计算模型	FDR 计算方法	差异基因筛选标准
有生物学重复	DESeq2	DESeq	负二项分布	BH	padj<0.05
无生物学重复	edgeR	TMM	负二项分布	BH	$\lvert \log_2 \text{Fold Change} \rvert > 1$ 和 $q < 0.05$

1. 差异基因火山图。差异基因火山图可直观显示表达差异显著性基因的整体分布情况,横坐标表示基因在不同样本中的表达倍数变化,即 $\log_2(\text{Fold Change})$;纵坐标表示表达差异的显著性水平,即 $-\log_{10}(\text{padj})$。若比较组合无表达差异显著性基因,默认调整筛选表达差异显著性的阈值进行火山图的绘制。上调基因用红色点表示,下调基因用绿色点表示,如图 4.39 所示。

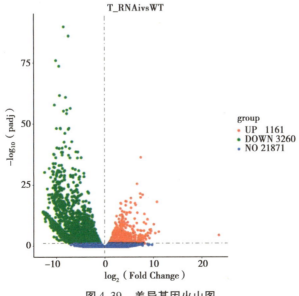

图 4.39　差异基因火山图

2. 差异基因韦恩图。韦恩图可展示不同比较组合间差异基因的重叠情况,如图 4.40 所示为两个比较组合(OE_1 vs WT_1,OE_1 vs WT_2),圈内所有数字之和代表该比较组合差异表达基因总数。重叠区表示不同比较组共有的差异表达基因数,非重叠区表示不同比较组之间特有的差异表达基因数。

3. 差异基因聚类热图。两组以上的实验,可对差异基因集进行聚类分析,将表达模式相近的基因聚在一起,这些基因可能具有共同的功能或参与到共同的代谢途径及信号通路中。北京诺禾致源科技股份有限公司采用主流的层次聚类方法,将 $\log_{10}(\text{FPKM}+1)$ 值进行归一化转换(scale number)并进行聚类,热图中红色表示高表达,蓝色表示低表达。聚类热图如图 4.41 所示。

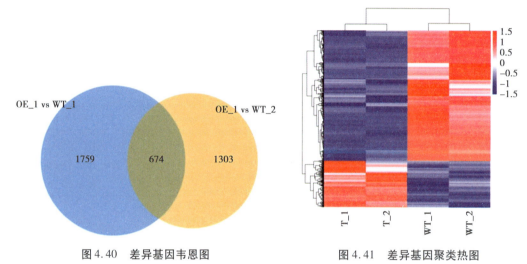

图 4.40　差异基因韦恩图　　　　　　图 4.41　差异基因聚类热图

人们用 H-cluster 方法对差异基因的表达量取 $\log_2(\text{fpkm}+1)$,并中心化校正后进行聚类。将差异基因分为若干 cluster,同一 cluster 中的基因在不同的处理条件下具有相似的表达水平变化趋势。不同实验组表达模式聚类折线图如图 4.42 所示。折线图中横坐标为样本名,纵坐标为表达值取对数中心化校正后的值。

(七)富集分析

通过对差异基因进行富集分析,可以找到不同条件下的差异基因与哪些生物学功能或通路显著性相关。采用 clusterProfiler 软件对差异基因集进行 GO 功能富集分析,KEGG 通路富集分析。富集分析基于超几何分布原理,如图 4.43 所示,其中差异基因集为差异显著分析所得差异基因列表注释到 ENTREZ 数据库的基因集,背景基因集为所有进行差异显著分析的基因列表注释到 ENTREZ 数据库的基因集。富集分析结果是对每个差异比较组合的所有差异基因集、上调差异基因集、下调差异基因集进行富集。结题报告展示的表格是按照填写的第一个差异比较组合的所有差异基因集的富集分析结果。富集展示的图片是所有组合的所有差异基因的富集分析结果。

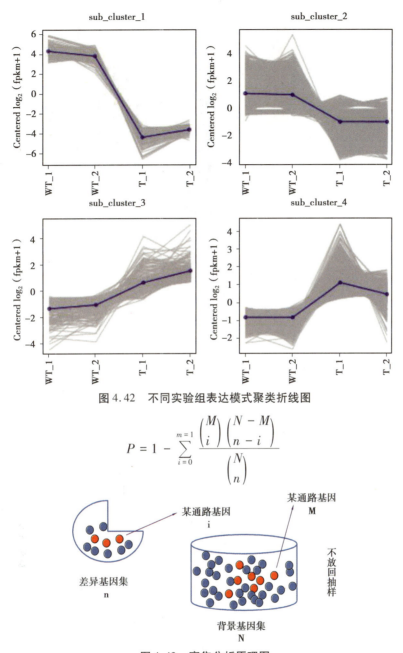

图 4.42 不同实验组表达模式聚类折线图

$$P = 1 - \sum_{i=0}^{m=1} \frac{\binom{M}{i}\binom{N-M}{n-i}}{\binom{N}{n}}$$

图 4.43 富集分析原理图

1. GO 功能富集。GO(Gene Ontology)是描述基因功能的综合性数据库,可分为分子功能(molecular function)、生物过程(biological process)和细胞组成(cellular component)3 个部分。GO 富集以 padj 小于 0.05 为显著富集。

从 GO 富集分析结果中,选取最显著的 30 个 Term 绘制柱状图进行展示,若不足 30 个,则绘制所有 Term 信息,结果如图 4.44 所示。

从 GO 富集分析结果中,选取最显著的 30 个 Term 绘制散点图进行展示,若不足 30 个,则绘制所有 Term 信息,结果如图 4.45 所示。

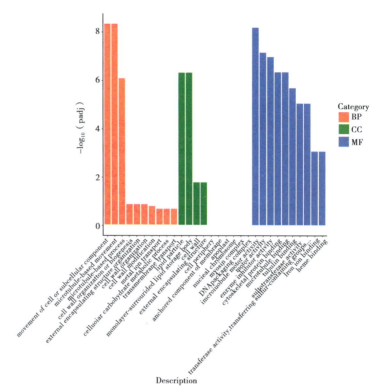

图 4.44 GO 富集分析柱状图

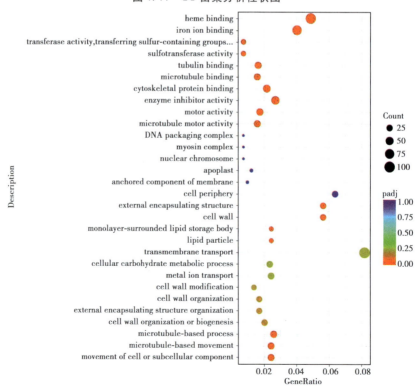

图 4.45 GO 富集分析散点图

2. KEGG 通路富集。

KEGG(Kyoto Encyclopedia of Genes and Genomes)是整合了基因组、化学和系统功能信息的综合性数据库。KEGG 富集以 padj 小于 0.05 为显著富集。

从 KEGG 富集结果中,选取最显著的 20 个通路绘制柱状图进行展示,若不足 20 个,则绘制所有通路信息,结果如图 4.46 所示。

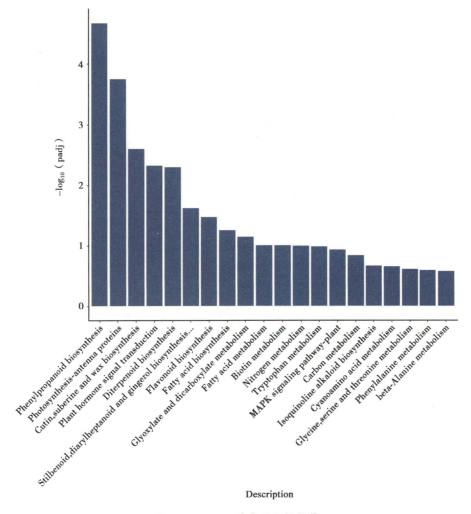

Description

图 4.46 KEGG 富集分析柱状图

从 KEGG 富集结果中,选取最显著的 20 个通路绘制散点图进行展示,若不足 20 个,则绘制所有通路信息,结果如图 4.47 所示。

从 KEGG 富集结果中,选取显著通路图并标记显著差异的上下调基因,结果如图 4.48 所示。

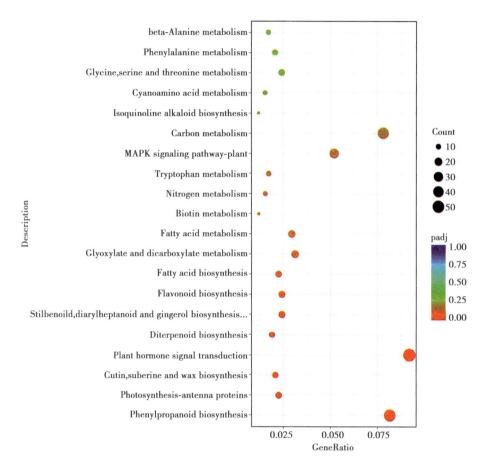

图 4.47　KEGG 富集分析散点图

3. 蛋白质互作网络分析。

蛋白质互作网络分析主要应用 STRING 蛋白质互作数据库中的互作关系进行差异基因蛋白互作网络分析。针对数据库中包含的物种,直接从数据库中提取出目标基因集(比如差异基因 list)的互作关系来构建网络;针对数据库中不包含的物种,首先将目标基因集中的序列应用 blastx 比对到 string 数据库中包含的参考物种的蛋白质序列上,并利用比对上的该参考物种的蛋白质互作关系构建互作网络。

可以针对一些网络的拓扑属性进行统计和标示作图,比如:互作网络图中节点(node)的大小与此节点的度(degree)成正比,即与此节点相连的边越多,它的度越大,节点也就越大,这些节点在网络中可能处于较为核心的位置。节点的颜色与此节点的聚集系数(clustering coefficient)相关,颜色梯度由绿到红对应聚集系数的值由低到高;聚集系数表示此节点的邻接点之间的连通性好坏,聚集系数值越高表示此节点的邻接点之间的连通性越好;等等。根据不同的研究目的和需求,还可以在网络图中进行调整节点位置和颜色、标注表达量水平等操作。需要注意的是,通过 blast 比对得到的结果不能保证较好的准确性,这部分的工作仅供参考,辅助发现一些重要的候选基因。按提供的使用说明将文件导入 Cytoscape 软件后的效果图如图4.49 所示。

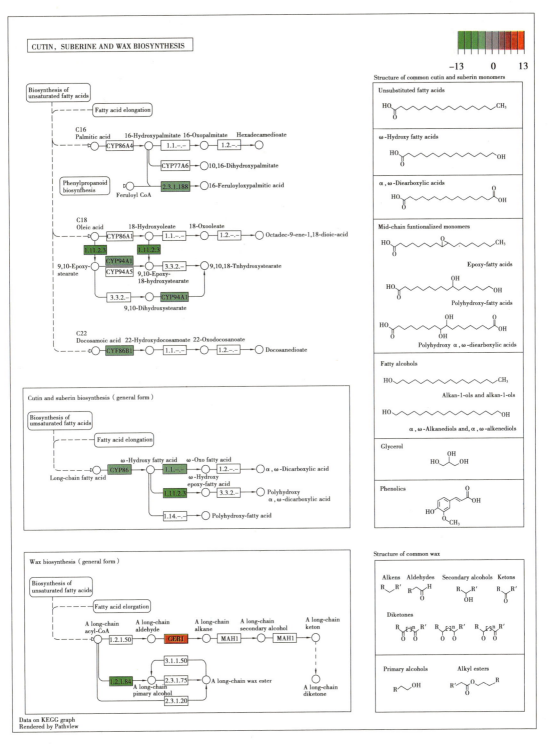

图 4.48　KEGG 富集通路

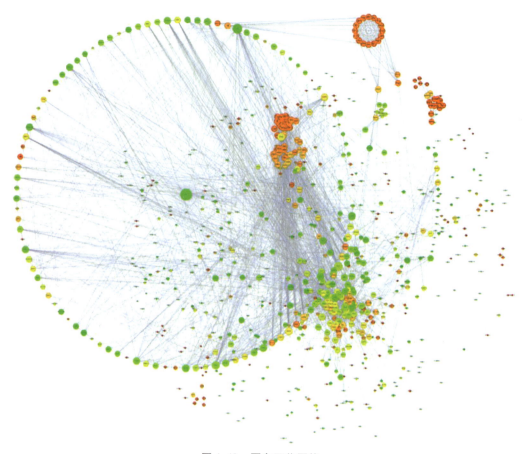

图 4.49　蛋白互作网络

(八)差异基因注释

如果该物种在 AnimalTFDB/PlantTFDB 数据库已有转录因子注释信息,直接根据基因 ID 从数据库中筛选转录因子;对于在该数据库没有收录的物种,先用 interscan 对基因进行 SU-PERFAMILY 和 Pfam 数据库注释,找到基因和 DBD 数据库的对应关系,从而筛选转录因子。基因所属转录因子家族的分类如图 4.50 所示。

(九)可变剪接分析

可变剪接是调节基因表达和产生蛋白质组合多样性的重要机制,也是 RNA-seq 的重要分析内容,SE(Skipped Exon)事件形成过程如图 4.51 所示。

使用 rMATS 软件进行可变剪接分析,主要包括 SE、RI、MXE、A5SS、A3SS 5 种可变剪接事件,如图 4.52 所示。

(十)变异位点分析

变异位点分析是 RNA-seq 结构分析的重要内容,主要包括先天变异位点和后天体细胞突变位点的检测,对肿瘤等研究具有重要意义。使用 GATK 软件对样本数据进行变异位点分析,并用 SnpEff 软件对变异位点进行注释,其分析流程如图 4.53 所示。

1.变异位点检测。变异位点主要分为 SNP 与 INDEL。

(1)CHROM:变异位点所在的染色体。

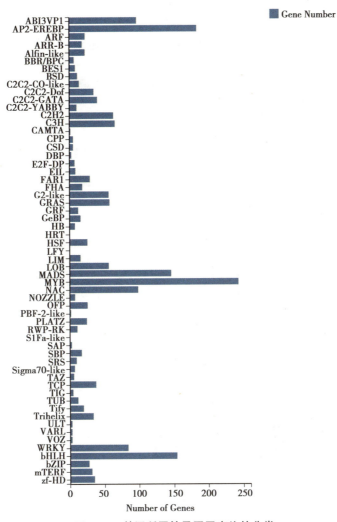

图 4.50　基因所属转录因子家族的分类

（2）POS：变异位点所在的位置。

（3）ID：变异位点编号。

（4）REF：变异位点所对应的参考碱基。

（5）ALT：变异位点所对应的变异碱基。

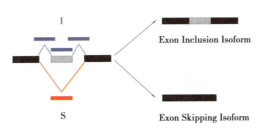

图 4.51　SE 事件形成过程

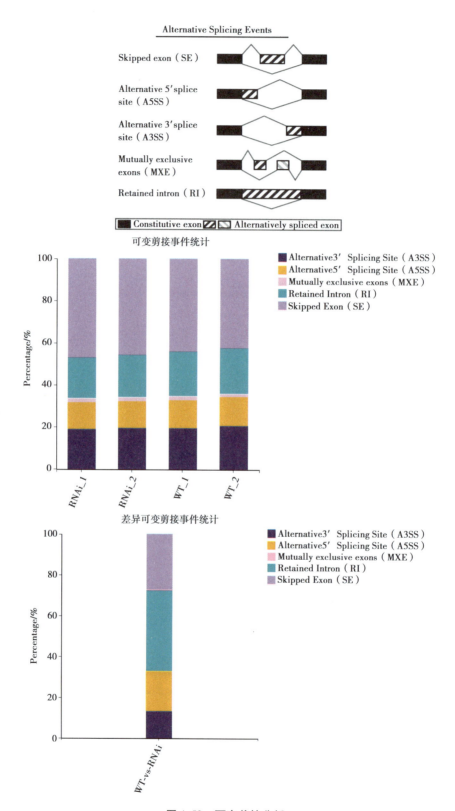

图 4.52　可变剪接分析

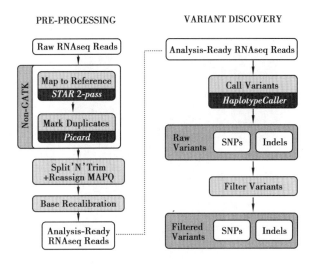

Best Practices for Germline SNPs and Indels in RNAseq

图 4.53　变异位点分析流程

（6）QUAL：变异检测质量值。

（7）DP：变异位点在样本中的测序深度。

（8）AD：每个样本分别支持 REF 与 ALT 的 reads 数。

（9）GT：每个样本的基因型。

（10）GeneID：变异位点所在基因的编号。

（11）GeneName：变异位点所在基因的名称。

（12）FeatureID：变异位点所在转录本的编号。

（13）Biotype：变异类型。

（14）HGVS_C：cDNA 水平变化，其中 n. * 是指 3′基因区域，n. 是指 5′基因区域，后面跟的数字代表其位置，T>A 表示 T 碱基突变成 A 碱基，以此类推；例如：n. *2827T>C 即指距下游基因 2827 的位置发生从 T 碱基到 C 碱基的突变，而 n.2827T>C 是指在 2827 的位置发生从 T 碱基到 C 碱基的突变。

（15）HGVS_P：蛋白水平变化，同（14）。

（16）EFFECT：变异影响。

（17）IMPACT：变异危害程度。

2. 变异位点统计。

使用 GATK 进行 SNP callling 后，依据 snpeff 注释结果对每个位点进行结果的统计。其中包含了变异位点功能统计、变异位点区域统计以及变异位点影响统计。变异位点功能（function）统计从同义突变、错义突变、无义突变 3 个方面进行统计和绘图。变异位点区域（region）统计则主要考虑的是变异位点发生的位置，例如 exon 则代表 SNP 发生在外显子区域，还有 INTERGENIC、UTR_3_PRIME 等位置描述。变异位点影响（impact）统计整体展示了相关突变的个数，它是依据 Sequence Ontology terms 预先假设好的"有害性"排序，进行一个影响程度的统计（HIGH、LOW、MODERATE、MODIFIER）。

（1）变异位点功能统计。根据变异位点功能对其进行作图统计，如图 4.54 所示。

（2）变异位点区域统计。根据变异位点所在区域进行作图统计，如图 4.55 所示。

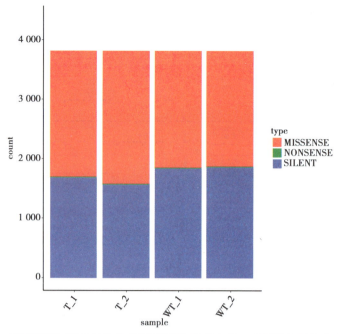

a. MISSENSE：错义突变；b. NONSENSE：无义突变；c. SILENT：同义突变

图 4.54　变异位点功能统计

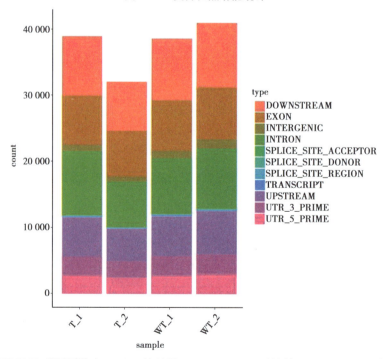

a. DOWNSTREAM：基因下游；b. EXON：外显子；c. INTERGENIC：基因间区；d. INTRON：内含子区域；
e. SPLICE_SITE_ACCEPTOR：剪接受体位点；f. SPLICE_SITE_DONOR：剪接供体位点；
g. SPLICE_SITE_REGION：剪接位点区域；h. TRANSCRIPT：转录本区域；i. UPSTREAM：基因上游；
j. UTR_3_PRIME：3-UTR 区域；k. UTR_5_PRIME：5-UTR 区域

图 4.55　变异位点区域统计

（3）变异位点影响统计。根据变异位点影响进行作图统计，如图 4.56 所示。

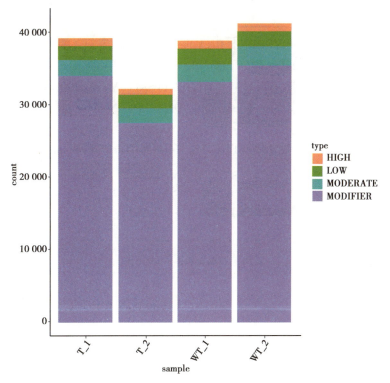

图 4.56　变异位点影响统计

五、注意事项

1. 提取 RNA 后要对 RNA 样品进行严格质控，要确保 RNA 的纯度以及完整性达到建库要求。

2. 测序样品的准备过程，应避免样品降解。

3. 测序比对方案要合理设计，设置对照组和实验组。

4. 转录组测序完成后，应随机挑选基因并通过实时定量 PCR 技术对转录组数据的准确性进行验证。

六、思考题

1. 生物学重复相关性多少是正常的？

2. 如何判断一个基因是否是差异基因？ 如果是差异基因，如何判断该基因的表达量是上调还是下调？

3. 如何判断差异基因在两个样品间的差异大小？

七、参考文献

［1］ WANG Z,GERSTEIN M,SNYDER M. RNA-Seq:A revolutionary tool for transcriptomics［J］. Nature Reviews Genetics,2009,10(1):57-63.

［2］ PARKHOMCHUK D,BORODINA T,AMSTISLAVSKIY V,et al. Transcriptome analysis by strand-specific sequencing of complementary DNA［J］. Nucleic Acids Research,2009,37(18):e123.

［3］ TRAPNELL C,PACHTER L,SALZBERG S L. TopHat:Discovering splice junctions with RNA-Seq［J］. Bioinformatics,2009,25(9):1105-1111.

［4］ KIM D,LANGMEAD B,SALZBERG S L. HISAT:A fast spliced aligner with low memory requirements［J］. Nature Methods,2015,12(4):357-360.

第五章

蛋白质表达与纯化

实验 5-1 大肠杆菌原核表达

一、实验原理

大肠杆菌属于大肠菌群属兼性厌氧革兰氏阴性菌,是第一个用于重组蛋白生产的宿主菌。它不仅具有遗传背景清楚、培养操作简单、转化和转导效率高、生长繁殖快和成本低廉等优点,而且其表达外源基因产物的水平远高于其他表达系统,表达的目的蛋白量超过细菌总蛋白量的 30%,因此是目前应用最广泛的蛋白质表达系统之一。大肠杆菌表达系统由表达载体、外源基因、表达宿主菌组成。

二、实验目的

获得外源基因的重组表达蛋白,主要用于以下研究:
(1)研究基因调控以及蛋白的结构和功能;
(2)研究体外蛋白相互作用;
(3)研究体外蛋白质的修饰情况(如磷酸化、泛素化等),鉴定蛋白质的修饰位点。

三、实验材料、仪器、试剂

1. 实验材料:原核表达载体 pET-28a(+)(图 5.1)、大肠杆菌重组蛋白表达菌株 DE3、天平、量筒、培养瓶、容量瓶、离心管、枪头、移液枪。

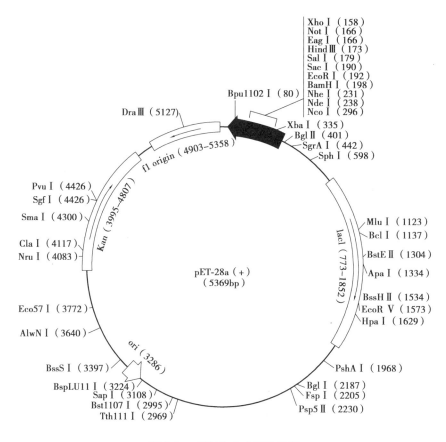

图5.1　pET-28a(+)质粒图谱

2.实验仪器:灭菌锅、摇床、分光光度计、离心机、金属浴、制冰机、电泳仪。

3.主要试剂:LB 液体培养基、异丙基-β-D-硫代半乳糖苷(IPTG)、卡那霉素(Kan)、苯甲基磺酰氟(PMSF)、SDS-PAGE 电泳所需试剂(见实验 5-4:SDS 聚丙烯酰胺凝胶电泳)。

四、实验步骤

目标基因克隆到 pET-28a(+)后,将鉴定后的阳性质粒转化大肠杆菌重组蛋白表达菌株 DE3。要先摸索最佳的诱导条件,再进行大量诱导表达蛋白。

1.最优 IPTG 诱导浓度、诱导时间、最优诱导温度的摸索。

(1)在超净工作台上,用移液器吸取单克隆菌液少许,加入 5 mL 的新鲜 LB 液体培养基于 50 μg/mL Kan 中,在 37 ℃,220 r/min 的摇床上过夜培养 12 ~ 16 h。

(2)在超净工作台上,用移液器吸取上述培养的菌液以 1∶100 的比例加入 150 mL 新鲜 LB 液体培养基中(含有 Kan 抗性,终浓度 50 μg/mL),在 37 ℃,220 r/min 培养 2 h。取 2 mL 菌液测其在 600 nm 处的吸光值,OD 值为 0.6 左右时最佳。

(3)吸取 10 mL 菌液作为未诱导对照,剩余菌液加入 IPTG(建议 IPTG 做梯度浓度 0.2 ~ 1 mmol/L),在不同的诱导温度(设置诱导温度梯度),220 r/min 的摇床上继续培养。分别在不同时间点对菌液进行采样,培养后在第 4 h、8 h、16 h、24 h 分别取菌液。

（4）将不同时期收集的菌液进行离心（4 ℃，8 000 r/min，10 min），弃上清液，保存菌体沉淀于-80 ℃冰箱，待用。

（5）将沉淀用含有溶菌酶（1 mg/mL）的 PBS 缓冲液进行悬浮，将菌体沉淀用移液器进行吹打混匀后置于冰上静置 30 min，随后进行超声破碎。破碎步骤：将装有不同菌样的离心管置于碎冰中，并加入 PMSF 溶液（体积比为 1∶100），直至破碎完成。使用超声波破碎仪进行破碎（破碎条件：功率 30%，4 ℃，时间 5～15 min，每隔 6 s 暂停 3 s）。

（6）在预冷的离心机中离心破碎样品（4 ℃，8 000 r/min，10 min），离心后取上清液。

（7）吸取不同组上清样品，加入 1×蛋白上样缓冲液，于 95 ℃，5 min 高温变性后进行 SDS-PAGE。

（8）根据 SDS-PAGE 电泳检测，最终得到最佳诱导条件，获得诱导的蛋白。

2. 重组蛋白的大量诱导表达。

（1）按照上述操作步骤，在最优 IPTG 诱导浓度、诱导时间、最优诱导温度的条件下大量诱导外源蛋白的表达。

（2）诱导完成后，将锥形瓶置于冰水混合物中或直接用于蛋白的提取纯化。

五、注意事项

1. 原核表达重组蛋白的重点是摸索用于诱导的 IPTG 浓度和诱导温度。如果降低 IPTG 浓度或者温度后，菌株生长速度慢，可以适当延长诱导时间。

2. 若诱导蛋白中的目标蛋白存在于包涵体中，可以考虑降低诱导温度。低温有利于蛋白质折叠，从而提高目标蛋白亲水性。

3. 选择表达载体时，要根据所表达蛋白的最终应用考虑。若为方便纯化，考虑选择带有标签的载体（形成融合重组蛋白）；若为获得天然蛋白，可考虑非融合蛋白。

六、思考题

1. 若重组蛋白表达效率较低，如何提高表达效率？
2. 若原核表达的重组蛋白主要位于包涵体，该如何解决？

七、参考文献

［1］TENAILLON O，SKURNIK D，PICARD B，et al. The population genetics of commensal *Escherichia coli*［J］. Nature Reviews Microbiology，2010，8（3）：207-217.

［2］SINGLETON P. Bacteria in Biology，Biotechnology and Medicine［M］. 5th ed. Hoboken：Wiley，1999.

实验 5-2　毕赤酵母的诱导表达

一、实验原理

　　大肠杆菌是研究较成熟、应用较多的基因工程表达系统之一,当前已经实现商业化的基因工程产品基本上是通过大肠杆菌表达的。但大肠杆菌是原核生物,没有真核生物的基因表达调控机制和蛋白质加工修饰能力,产物经常形成无活性的包涵体,需要经过变性、复性等处理,才可以有实际用途。与大肠杆菌相比,酵母是低等真核生物,除具有真核生物表达时蛋白质正确加工、修饰、合理的空间折叠等功能外,还具有细胞生长快、易于培养、遗传操作简单等原核生物的特点,非常有利于真核基因的表达,这样可以有效克服大肠杆菌表达系统缺乏蛋白翻译后加工、修饰的不足。其中,以毕赤巴斯德酵母(Pichia pastoris)为宿主的外源基因表达系统发展比较迅速,应用也比较广泛。毕赤酵母系统不但方便高密度发酵,表达基因稳定整合于宿主基因组,可以使产物适当糖基化并有效分泌;它还存在过氧化物酶体,表达的外源蛋白能够贮存其中,避免蛋白酶的降解,同时也能减少对自身细胞的毒害作用。毕赤酵母宿主菌常用的有GS115 和 KM71 两种,都带有 HIS4 营养缺陷标记。其中,GS115 菌株具有 AOX1 基因,是Mut[+],即甲醇利用正常型;而 KM71 菌株的 AOX1 位点被 ARG4 基因插入,表型为 Mut^s,即甲醇利用缓慢型,两种菌株都适用于一般的酵母转化方法。pPIC9K 质粒是目前商业化应用较广泛的表达载体,作为穿梭质粒,可先在大肠杆菌细胞内复制扩增,然后被导入宿主酵母细胞。它含有细菌 Kan 基因,但并不赋予毕赤酵母卡那霉素抗性,而是遗传霉素抗性。遗传霉素抗性水平主要依赖整合的 Kan 基因的数目,单拷贝 pPIC9K 整合入毕赤酵母基因组后,赋予毕赤酵母约 0.25 mg/mL 的遗传霉素抗性水平;多拷贝整合可增加遗传霉素抗性水平,从 0.5 mg/mL(1~2 拷贝)到 4 mg/mL(7~12 拷贝)。由于基因的剂量效应,蛋白的表达可能会增加,但它们之间并非绝对的线性关系。因此,Kan 基因可检测转化子是否含有多拷贝目的基因,但是这只是表象检测指标,并不能真实反映实际的拷贝数。如果需要确定拷贝数,最好进行 Southern blot 实验。目前,多拷贝的获得概率还是比较低的,需要筛选成百上千个菌株。

二、实验目的

　　1. 掌握毕赤酵母表达外源目的蛋白的原理。
　　2. 掌握毕赤酵母转化、重组子筛选以及外源蛋白诱导表达的方法。

三、实验材料、仪器、试剂

　　1. 实验材料:毕赤酵母宿主菌 GS115、pPIC9K 质粒(图 5.2)。
　　2. 实验仪器:电转化仪、PCR 仪、灭菌锅、电泳仪、电泳槽、恒温摇床、生化培养箱。

3. 实验试剂：

（1）1 mol/L 山梨醇溶液：18.2 g 山梨醇溶于双蒸水，定容至 100 mL，高压灭菌 20 min。

（2）10×YNB（含有硫酸铵、无氨基酸的 13.4% 酵母基础氮源培养基）：13.4 g YNB 溶于 ddH$_2$O，定容至 100 mL，50 ℃水浴至完全溶解，过滤除菌，4 ℃保存。

（3）500×B（0.02% Biotin 生物素）：10 mg 的生物素溶于双蒸水中，定容至 50 mL，过滤除菌，4 ℃保存。

（4）10×D（20% Dextrose 葡萄糖）：20 g 葡萄糖溶于双蒸水中，定容至 100 mL，高压灭菌 20 min。

（5）10×M（5% Methanol 甲醇）：5 mL 的甲醇与 95 mL 双蒸水混匀，过滤除菌。

（6）10×GY（10% Glycerol 甘油）：10 mL 甘油和 90 mL 双蒸水混匀，高压灭菌 20 min。

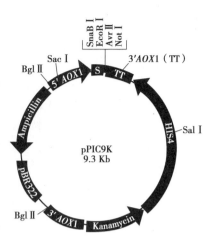

图 5.2　pPIC9K 质粒图谱

（7）1 mol/L 的磷酸钾溶液（potassium phosphate buffer，pH 6.0）：13.2 mL 1 mol/L 的 K$_2$HPO$_4$ 溶液与 86.8 mL 1 mol/L 的 KH$_2$PO$_4$ 溶液混匀，调节 pH 值为 6.0，高压灭菌 20 min。

（8）YPD（Yeast Extract Peptone Dextrose Medium，YEPD 或 YPD）液体培养基：取 1.0 g 酵母提取物，2.0 g 蛋白胨溶于 90 mL 双蒸水中，高压灭菌 20 min，冷却至 50 ℃后加入 10 mL 10×D。

（9）YPD 固体培养基：在 100 mL YPD 液体培养基的基础上，加入 2.0 g 琼脂粉，高压灭菌 20 min。

（10）G418（10 mg/mL 遗传霉素）：0.1 g G418 溶于 10 mL 无菌水，过滤除菌，−20 ℃保存。

（11）G418-YPD 固体培养基：融化 YPD 固体培养基并加入所需浓度 G418。

（12）MD 液体培养基（Minimal Dextrose Medium，最小葡萄糖培养基）：80 mL 双蒸水高压灭菌 20 min，冷却至 50 ℃后加入 10 mL 10×YNB，0.2 mL 500×B，10 mL 10×D。

（13）MD 固体培养基：80 mL 双蒸水加入 1.5 g 琼脂粉，高压灭菌 20 min，冷却至 50 ℃后加入 10 mL 10×YNB，0.2 mL 500×B，10 mL 10×D。

（14）MM 液体培养基（Minimal Methanol Medium，最小甲醇培养基）：80 mL 双蒸水高压灭菌 20 min，冷却至 50 ℃后加入 10 mL 10×YNB，0.2 mL 500×B，10 mL 10×M。

（15）MM 固体培养基：80 mL 双蒸水加入 1.5 g 琼脂粉，高压灭菌 20 min，冷却至 50 ℃后加入 10 mL 10×YNB，0.2 mL 500×B，10 mL 10×M。

（16）BMGY 液体培养基（Buffered Glycerol-complex Medium，缓冲最小甘油培养基）：酵母提取物 1.0 g，蛋白胨 2.0 g，溶于 70 mL 双蒸水，高压灭菌 20 min，冷却至 50 ℃后加入 10 mL 1 mol/L 磷酸盐缓冲液，10 mL 10×YNB，10 mL10×GY，0.2 mL 500×B。

（17）BMM 液体培养基（Buffered Methanol Medium，缓冲最小甲醇培养基）：蛋白胨 2.0 g，溶于 70 mL 双蒸水，高压灭菌 20 min，冷却至 50 ℃后加入 10 mL 1 mol/L 磷酸盐缓冲液，10 mL 10×YNB，10 mL 10×M，0.2 mL 500×B。

（18）BMMY 液体培养基（Buffered Methanol-complex Medium）：蛋白胨 2.0 g，酵母提取物 1.0 g，溶于 70 mL 双蒸水，高压灭菌 20 min，冷却至 50 ℃后加入 10 mL 1 mol/L 磷酸盐缓冲

液,10 mL 10×YNB,10 mL 10×M,0.2 mL 500×B。

四、实验步骤

1. 线性化。毕赤酵母无稳定的附加体质粒,表达外源基因的载体常常采用整合型载体。未经过线性化处理的环状质粒间同源重组的概率非常低,研究中所用重组质粒载体必须用特定的限制性内切酶进行线性化处理。处理的目的有两个:一是避免随机插入重组造成质粒在功能区断开,发生目的基因表达失活;二是希望同源重组以指定的方式发生。Sal Ⅰ酶切经测序正确的重组载体,同时以 pPIC9K 空载体为对照。线性化酶切体系见表5.1。

表 5.1 线性化酶切体系(50 μL)

试剂	用量/μL
ddH$_2$O	23
10×H buffer	5
pPIC9K/重组载体	20
Sal Ⅰ	2

37 ℃水浴酶切 6 h 后,取 2 μL 酶切产物在浓度为 1.2% 的琼脂糖凝胶电泳,以未酶切的重组载体和 pPIC9K 空载体作为对照,检测是否切开。

2. GS115 酵母感受态细胞的制备:

(1)用接种环挑取−80 ℃保存的毕赤酵母 GS115 菌液,在 YPD 固体培养基上划线,复苏,30 ℃培养48 h。

(2)挑 GS115 单菌落接种于 20 mL YPD 液体培养基中活化,30 ℃,250 r/min 培养 16 h(注:温度超过 32 ℃,会引起酵母细胞死亡,影响后续实验)。

(3)将活化的菌液全部加入 100 mL YPD 液体培养基中,30 ℃,250 r/min 培养至 OD$_{600}$ 值为 1.3 左右(约 7 h)(注:OD$_{600}$ 值超过 1.3 后,会降低转化率)。

(4)将培养液分装到 2 个预冷的无菌 50 mL 离心管中,冰浴 20 min,4 ℃,4 000 r/min 离心5 min,收集菌体。

(5)弃上清液,菌体沉淀用 20 mL 预冷的无菌水重悬,4 ℃,4 000 r/min 离心 5 min,弃上清液,重复操作一次。

(6)弃上清液,菌体沉淀用 20 mL 预冷的 1 mol/L 山梨醇溶液重悬洗涤,4 ℃,4 000 r/min离心 5 min。

(7)弃上清液,菌体沉淀用 1 mL 预冷的 1 mol/L 的山梨醇溶液悬浮菌体,轻轻混匀,置于冰上,当天使用(注:最好现作现用,因为如果保存,需加甘油,电击时影响导电能力,降低转化率)。

3. 电转化。

目前毕赤酵母的转化方法有 4 种,即电穿孔法、PEG 法、醋酸锂法和原生质法。PEG 和醋酸锂法转化效率较低,原生质法费时,而电穿孔法因无须产生去壁细胞,简便、迅速,在基因导入宿主细胞中广为使用(注:电转化仪器要预热至少 10 min)。

(1)分别取纯化后的线性化重组质粒和空载体 pPIC9K 10 μL 加入 90 μL GS115 感受态中,轻轻混匀,冰浴 5 min。

(2)转移样品到预冷的 0.2 cm 型的电转化杯中进行电击,电压 1.5 kV,电阻 400 Ω,电容 25 μF。

(3)电击完成后,迅速加入 0.9 mL 预冷的 1 mol/L 山梨醇溶液至电转化杯中,轻轻混匀,转移至 1.5 mL 灭菌离心管中。

(4)每 300 μL 混合液均匀涂于 MD 固体培养基上,正面放置至表面半干,然后 30 ℃ 倒置培养(注:有文献报道 MD 培养基中加入 1 mol/L 山梨糖醇后转化效率可提高 10 倍以上)。

4. 重组子的抗性筛选和表型鉴定。

筛选出的转化子还需鉴定表型,把转化子同时点在 MD 和 MM 两块平板上,生长差别不大的转化子为 Mut$^+$;相反,在 MD 上生长快,MM 上生长很慢的转化子为 Muts。对于分泌表达的外源蛋白,可以优先选用 Mut$^+$ 转化子以缩短发酵时间(注:并不是 Mut$^+$ 转化子一定比 Muts 转化子表达量高,只是后者诱导表达慢,需要较长的发酵时间,但后者可以同时进行诱导表达)。

(1)准备 MD、MM 固体培养基平板和浓度为 0.25 mg/mL、0.5 mg/mL、0.75 mg/mL、1.0 mg/mL、1.5 mg/mL、2 mg/mL 的 G418-YPD 固体培养基平板,在每个平板背面均匀划分一定数量的方格并标号。

(2)将 MD 平板上长出的菌落分别用无菌牙签点在不同浓度的 G418-YPD 平板上,并同时分别点到 MD 和 MM 固体培养基平板上对应的位置。

(3)30 ℃ 倒置培养,选出在抗性平板上正常生长、并在 MD 和 MM 平板上生长差别不大的高抗 G418、Mut$^+$ 转化子(注:多准备几个转化子,因为毕赤酵母有时候存在难以重复的问题,条件需要经常优化)。

5. 重组子的 PCR 检测。

通过冷冻及热处理相结合的方法裂解酵母细胞壁,这样获得的基因组 DNA 可直接用作 PCR 模板,检测毕赤酵母染色体中插入的外源基因。

(1)挑取高抗 G418 的 Mut$^+$ 转化子单菌落,重悬于 10 μL 无菌水中。

(2)浸入液氮中速冻 5 min,100 ℃ 沸水煮 3 min。

(3)重复步骤(2)操作 2 次;以上述溶液为模板,用自身引物和表达载体引物 a$_1$-S、AOX1-R 进行菌落 PCR 检测。表达载体引物序列为:

a$_1$-S:5′-TACTATTGCCAGCATTGCTGC-3′

AOX1-R:5′-GCAAATGGCATTCTGACATCC-3′

用于空载体扩增片段长度约 200 bp。

反应体系见表 5.2,反应程序见表 5.3。

表5.2　PCR反应体系

试剂	用量(体积:μL)
ddH$_2$O	17.8
10×Buffer(含有 Mg^{2+})	2.5
10 mmol/L dNTPs	0.5
上游引物(10 μmol/L)	1
下游引物(10 μmol/L)	1
模板	2
Taq 酶(5 U/μL)	0.2

表5.3　PCR反应程序

循环数	温度/℃	时间	说明
1	94	5 min	预变性
35	94	30 s	变性
	55	30 s	退火
	72	30 s	延伸
1	72	10 min	延伸

取 8 μL PCR 产物在浓度为 1.2% 的琼脂糖凝胶上电泳,检测是否扩增出长度为预期的目的片段。

6.融合蛋白在毕赤酵母中的诱导表达。

选取 PCR 检测到目标条带的菌株,进行融合蛋白的初步诱导,检测融合蛋白是否表达。

(1)挑取 PCR 检测正确的抗 G418 的 Mut$^+$ 重组子菌落,加入到含有 10 mL BMGY 液体培养基的容积为 50 mL 三角瓶中,250 r/min,30 ℃培养 16 h。

(2)4 000 r/min 离心 5 min,弃上清液,用 MM 液体培养基(约 20 mL)重悬菌体,使 OD$_{600}$ 值为 1.0 左右。

(3)将上述菌液置于容积为 250 mL 三角瓶中,250 r/min,30 ℃培养,每 24 h 向培养基中添加无菌甲醇至终浓度为 1.0%。

(4)0 h、24 h、48 h、72 h、96 h 分别取菌液 1 mL,13 000 r/min 离心 5 min,收集上清液。

(5)上清液超滤浓缩(注:一般按照 1∶50 浓缩)。

(6)取上清液上样,进行 SDS-PAGE 电泳。验证了融合蛋白能够在毕赤酵母中表达后,进行诱导条件优化(分别改变诱导培养基成分、诱导时间、甲醇诱导浓度、培养温度等条件),分析蛋白表达情况。

五、注意事项

1. 表达出来的蛋白分子量偏大是正常现象，除了糖基化以外还有其他原因，比如形成二聚体，进行蛋白印迹或进一步实验验证。

2. 100%甲醇不能进行灭菌，因其具有强烈刺激性也不宜过滤除菌，直接可用。但注意在超净工作台内操作；因其易燃性质，应远离酒精灯。另外就是摇瓶内菌液体积不要超过摇瓶体积10%，氧气量对表达也有影响。

3. 含甘油培养基是为了减少本底水平的表达，扩大细胞数量。

4. 随着诱导表达时间延长，目的蛋白产物可能发生部分水解或杂蛋白增加，可加入0.5%的酪蛋白，但应慎用，因为酪蛋白能造成污染影响纯化。

5. 电转化杯外壁注意保持干燥，否则电击时会爆裂。

六、思考题

用毕赤酵母表达蛋白（非分泌型），经常会遇到表达量很高，但细胞破碎后发现目的蛋白都在沉淀中，很难进行后续纯化，为什么？如何才能在蛋白质不变性的情况下将其溶到上清液中？

七、参考文献

[1] HU Z L, ZHANG N, GU F, et al. Expression, purification and characterization of recombinant targeting bifunctional hirudin in *Pichia pastoris*[J]. African Journal of Biotechnology, 2009, 8 (20):5571-5577.

实验 5-3　蛋白提取及纯化

一、实验原理

以 pET-28a 原核表达载体携带的 His 标签所获得的重组蛋白的纯化为例。表达携带有 6 个连续组氨酸残基（6×His）标签的重组蛋白，需用一种通过共价偶连的次氨基三乙酸（NTA）使镍离子（Ni^{2+}）固相化的层析介质（resin）加以提纯。其原理实为金属螯合亲和层析（MCAC）。这种带 6 个组氨酸标签的重组基因工程蛋白与其他蛋白质相比，对金属离子有更高的特异性，结合在固体层析介质表面，然后经洗脱分离纯化目标蛋白。这种方法广泛应用于大肠杆菌表达外源蛋白质的分离及纯化，是分离纯化生物工程蛋白质产品最有效的工具之一。

二、实验目的

1. 掌握亲和层析法分离蛋白质的技术与操作。

2. 获得纯度较高的重组蛋白,用于 EMSA、Pull-down、体外蛋白修饰位点(如磷酸化、泛素化、乙酰化)的研究。

三、实验材料、仪器、试剂

1. 实验材料:原核细胞培养液、离心管、枪头盒、烧杯、玻璃棒、0.45 μm 过滤器、注射器。

2. 实验仪器:超声破碎仪、冷冻离心机、层析柱、移液器、制冰机、电泳仪。

3. 实验试剂:镍柱、苯甲基磺酰氟(PMSF)或其他蛋白酶抑制剂、甘油、75% 乙醇、DNase(10 mg/mL)、RNase(10 mg/mL)、溶菌酶(1 mg/mL,PBS 配制)、Triton X-100。

(1)结合缓冲液(pH=7.8):20 mmol/L 磷酸钠,500 mmol/L NaCl。

(2)咪唑洗脱缓冲液(pH=6.0):20 mmol/L 磷酸钠,500 mmol/L NaCl,在洗脱缓冲液中加入适量的咪唑分别配成 10 mmol/L,50 mmol/L,100 mmol/L 和 150 mmol/L 的咪唑洗脱缓冲液。

(3)洗涤缓冲液(pH=6.0):20 mmol/L 磷酸钠,500 mmol/L NaCl。

四、实验步骤

1. 蛋白提取:

(1)利用预冷的离心机(4 ℃,8 000 r/min,10 min)收集菌体。

(2)将菌体沉淀溶于浓度为 1 mg/mL 的溶菌酶(PBS 配制),吹打混匀后,冰上静置消化 30 min。

(3)将消化好的菌体进行超声破碎。破碎步骤:将装有不同菌样的离心管置于碎冰中,并加入 PMSF 溶液(体积比为 1∶100),置于超声破碎仪进行破碎(破碎条件:功率30%,4 ℃,时间 5~15 min,每 6 s 暂停 3 s,根据菌量调整破碎时间),直至破碎完成。

(4)将破碎好的样品加入 DNase(终浓度 1 μg/mL)、RNase(终浓度 1 μg/mL)和 Triton X-100(体积比为 1∶100)。

(5)在预冷的离心机中离心上述破碎样品(4 ℃,8 000 r/min,30 min),收集上清液。

(6)将上清用 0.45 μm 过滤器进行过滤,用于后续蛋白纯化。

2. 蛋白纯化:

(1)轻轻颠倒混匀固化 Ni^{2+} 树脂,避免长时间放置导致的结块。

(2)上柱,取 2 mL 混匀后的 Ni^{2+} 树脂装入层析柱形成镍柱,加入时需沿壁慢慢加入,防止产生气泡。用 3 倍柱体积的无菌水冲洗树脂,以去除 Ni^{2+} 树脂中的乙醇。

(3)用 3 倍柱体积的结合缓冲液(pH=7.8)平衡树脂准备用于蛋白质的结合。

(4)蛋白上样:将过滤后的蛋白上清提取液加入到镍柱中,加入的蛋白量取决于镍柱的承载能力,一般 1 mL Ni^{2+} 亲和树脂能结合 8~12 mg 蛋白。

(5)蛋白结合:蛋白和 Ni^{2+} 树脂在 4 ℃ 旋转结合 2 h 左右后,样品过柱,流出的蛋白收集后可再次上柱,以提高结合效率。

(6)用 6 倍柱体积结合缓冲液(pH=7.8)清洗镍柱,收集部分清洗液用于分析可能出现的问题。

(7)用 6 倍柱体积洗涤缓冲液(pH=6.0)清洗镍柱,直至流过液的紫外吸光度 A_{280}<0.01。

(8)准备好干净的离心管,置于柱子下面的接口处。用微量移液器吸取 1 mL 咪唑洗脱缓冲液(pH=6.0),梯度洗脱镍柱(10 mmol/L,50 mmol/L,100 mmol/L,150 mmol/L,咪唑洗脱缓冲液),收集全部的洗脱液。当柱子无法滴落新的洗脱液时,将收集好的洗脱蛋白置于冰上,然后将新的离心管置于柱子下面的接口处并重新添加洗脱液。我们可以尝试收集总共 10 mL左右的洗脱液。

(9)将收集好的洗脱蛋白放置于-80 ℃ 进行保存。如果遇到将离心管从-80 ℃ 取出后有蛋白析出,可以考虑在洗脱蛋白中添加甘油,直至洗脱蛋白中含有 25% 左右的甘油,这样可以较好的保存蛋白。

3.镍柱的清洗及重生:

(1)先用 6 倍树脂床体积的咪唑洗脱缓冲液洗脱镍柱,重复 2 次,每次 3 min。

(2)再用 6 倍树脂床体积的超纯水冲洗去除洗脱液,重复 3~5 次,每次 3 min。

(3)最后加入 5 mL 20% 乙醇,盖住柱子的底部和顶部,储存于 4 ℃ 冰箱,以备下次使用。

五、注意事项

1.菌体超声破碎要充分,以提高重组蛋白量;但又不能过久,以免超声产生的热量和高温,导致蛋白碳化。

2.蛋白提取过程中,加入蛋白酶抑制剂,避免提取过程中蛋白降解。

3.在蛋白清洗时,注意咪唑的浓度不能过高,以免少量目标蛋白被洗脱下来。

4.在提取和纯化过程中,要注意合适的酸碱度,所使用的缓冲溶液的 pH 值避免与目标蛋白质的 pI 相同,防止蛋白质沉淀。

5.不管是装柱还是上样、洗脱,在整个操作过程中,水或溶液面都不能低于凝胶柱平面。否则,凝胶柱会产生气泡,就会影响层析效果。

6.样品上柱和洗脱过程,其流速都要慢,分离效果才好。

7.亲和层析剂可回收,经再生可循环使用。该亲和层析剂用 20% 乙醇浸泡于冰箱保存。

8.亲和层析柱在再生处理、上样、洗脱过程中其颜色都有明显变化(白、蓝、绿),只要细心操作,样品是否被吸附上去或被洗脱下来,都能观察到从而作出判断。

六、思考题

1.蛋白提取过程中,需要间断超声,为什么?

2.若检测蛋白粗提液(未纯化),目标蛋白含量较高;但经过蛋白纯化后,蛋白量却显著降低,你认为应该从哪几个方面分析?

七、参考文献

[1] R. R. 伯吉斯,M. P. 多伊彻. 蛋白质纯化指南(原书第二版)[M]. 陈薇,主译. 北京:科学出版社,2013.

实验 5-4　SDS 聚丙烯酰胺凝胶电泳

一、实验原理

SDS 聚丙烯酰胺凝胶电泳(SDS-PAGE)是一种对蛋白质进行量化、比较及特性鉴定的经济、快速、而且可重复的方法。该法首先在 1967 年由 Shapiro 建立,1969 年由 Weber 和 Osborn 进一步完善。其原理为:强阴离子去污剂 SDS 与某一还原剂(β-巯基乙醇)并用,通过加热使蛋白质解离,大量的 SDS 与蛋白质的疏水部分相结合,进一步破坏其折叠结构,并使其带相同密度的负电荷。聚丙烯酰胺凝胶(PAGE)是由丙烯酰胺和交联剂 N,N'-亚甲双丙烯酰胺在催化剂过硫酸铵(APS)、四甲基乙二胺(TEMED)的作用下,聚合交联形成具有网状立体结构的凝胶。经 SDS 和 β-巯基乙醇加热处理后的蛋白质在聚丙烯酰胺凝胶上电泳,不同蛋白质的迁移率仅取决于分子量。采用考马斯亮蓝快速染色,可及时观察电泳分离效果。

SDS-PAGE 根据其有无浓缩效应,分为连续系统和不连续系统两大类。连续系统电泳体系中缓冲液 pH 值及凝胶浓度相同,带电颗粒在电场作用下,主要靠电荷和分子筛效应。不连续体系由电极缓冲液、浓缩胶及分离胶所组成。2 种孔径的凝胶、2 种缓冲体系、3 种 pH 值使不连续体系形成了凝胶孔径、pH 值、缓冲液离子成分的不连续性,带电颗粒在电场中泳动不仅有电荷效应,分子筛效应,还具有浓缩效应,因而其分离条带清晰度及分辨率均较前者佳。

二、实验目的

1. 掌握不连续系统 SDS-PAGE 的操作方法和步骤。
2. 测定目标蛋白质的表达量,分子量和纯度。

三、实验材料、仪器、试剂

1. 实验材料:提取的蛋白样品。
2. 实验仪器:电泳仪、电泳槽、金属浴、摇床、天平、量筒、磁力搅拌器。
3. 实验试剂:
(1)2×SDS 电泳上样缓冲液(10 mL):1.0 mol/L Tris-HCl(pH=6.8)2.5 mL、β-巯基乙醇

1.0 mL、SDS 0.6 g、甘油 2.0 mL、0.1% 溴酚蓝 1.0 mL、ddH₂O 3.5 mL;4 ℃保存。

（2）30% 储备胶溶液：在通风橱中，称取丙烯酰胺（Acr）29.2 g、N,N'-亚甲双丙烯酰胺（Bis）0.8 g，加 ddH₂O，37 ℃溶解，定容到 100 mL。置于棕色瓶中，4 ℃保存。

（3）pH 8.9 分离胶缓冲液：Tris 36.3 g，加少量水溶解，加 1 mol/L HCl 调节至 pH=8.9，定容至 100 mL，4 ℃保存。

（4）pH 6.7 浓缩胶缓冲液：Tris 5.98 g，加少量水溶解，加 1 mol/L HCl 调节至 pH=6.7，定容至 100 mL，4 ℃保存。

（5）10% SDS：电泳级 SDS 10.0 g 加 ddH₂O，加热至 68 ℃助溶，加浓盐酸调节至 pH=7.2，定容到 100 mL，用滤纸过滤。

（6）TEMED（四甲基乙二胺）原液。

（7）10% 过硫酸铵（APS）：0.1 g 过硫酸铵加 ddH₂O 至 1 mL（现配现用）。

（8）10×Tris-甘氨酸电泳缓冲液（pH=8.3）：Tris 3.02 g，甘氨酸 18.8 g，10% SDS 10 mL 加 ddH₂O 溶解，定容至 100 mL。

（9）考马斯亮蓝 G250 染色液：称取考马斯亮蓝 0.25 g，甲醇 225 mL，冰醋酸 46 mL，ddH₂O 225 mL。

（10）脱色液：甲醇、冰醋酸、ddH₂O 以 3∶1∶6 配制而成。

四、实验步骤

1. 样品制备。将蛋白质样品与少许 2×SDS 电泳上样缓冲液在一个离心管中混合。放入 95 ℃金属浴加热 5~10 min，12 000 r/min 离心 1 min，取上清点样。

2. 分离胶及浓缩胶的制备：

（1）根据表 5.4 中最佳分离范围选择合适浓度配制分离胶。以分离胶（10%）的配制为例，按照表 5.5 中的组分和用量依次加入小烧杯，混匀后灌入玻璃板间，以水封顶，注意使液面平（凝胶完全聚合需 30~60 min）。

表 5.4　不同浓度 SDS-PAGE 分离胶的最佳分离范围

SDS-PAGE 分离胶浓度	最佳分离范围/kD
6%	50~150
8%	30~90
10%	20~80
12%	12~60
15%	10~40

表 5.5　10% SDS-PAGE 分离胶(10 mL)组分

组分	用量/mL
ddH$_2$O	4
30% 储备胶	3.3
pH 8.9 分离胶缓冲液	2.5
10% SDS	0.1
10% APS	0.1
TEMED	0.004

(2)SDS-PAGE 浓缩胶(也称堆积胶、积层胶或上层胶)的配制(以 4% 浓缩胶的配制为例),按照表 5.6 中的组分和用量,混合均匀,将分离胶上的水倒去,加入上述混合液,立即将梳子插入玻璃板间,完全聚合需 15～30 min。

表 5.6　4% SDS-PAGE 浓缩胶(2 mL)组分

组分	用量/mL
ddH$_2$O	1.4
30% 储备胶	0.33
pH 6.7 浓缩胶缓冲液	0.25
10% SDS	0.02
10% APS	0.02
TEMED	0.002

3.上样和电泳:

(1)装好电泳系统,加入 1×电泳缓冲液,取 10 μL 的样品加入样品池中,并加入 20 μL 低分子量蛋白标准品作对照。

(2)连接电源,负极在上,正极在下,电泳时,上层浓缩胶用 60～80 V 电压跑约 20 min,当样品至分离胶时,改用 100～120 V 电压。溴酚蓝行至电泳槽下端停止电泳,一般电泳时间在 1.5 h 左右。

4.染色和洗脱:

(1)卸下胶板,剥离胶放入考马斯亮蓝染色液中,室温染色 1～2 h。

(2)将胶从染色液中取出,放入脱色液,置于 80 r/min 脱色摇床上,每 20 min 更换一次脱色液直至蛋白带清晰。

5.凝胶摄像和保存。在图像处理系统下记录脱色好的凝胶摄像,保存实验数据,凝胶可干燥保存。

五、注意事项

1. 凝胶质量：不连续 SDS-PAGE 胶对凝胶的要求较高，分离胶的 pH 值应在 8.8 左右，而浓缩胶的 pH 值应在 6.8 左右，最好不要超过 0.5 个 pH 单位，因为这个 pH 条件是保证电泳液中的甘氨酸不电离的必要条件，也是保证样品被充分压缩的前提。因此，制备凝胶的时候所用 Tris-HCl 缓冲液的 pH 值是否稳定很重要。

2. 点样：样品尽量不要与电泳液混合，这样能提高浓缩的效果，因为电泳液 pH 值为 8.3，而样品的 pH 值为 7.5，混合后会影响到样品的 pH 值，进而影响浓缩效果。因此，建议点样最好用长枪头，或者加样器，轻轻地将样品加到孔的底部。

3. 安装好的制胶装置，最好先用配制电泳缓冲液的水加满，检验一下是否漏水，确认不漏水的装置再用于制备凝胶。确认不漏水后，倒出水，然后使其尽量流出，其实残留的一点水并不影响结果，而且还会使电泳后的凝胶容易剥落下来。用漏水的装置制作的凝胶尽管可以使用，但它会造成电泳时候电流的分流，不但影响电流的效率，而且还会使部分加样孔的条带歪曲。

4. 制胶时最好最后加入新鲜配制的过硫酸铵（APS），这样可以避免偶然情况下不能马上灌胶而导致胶的聚合。制胶前确认所有的东西准备齐全了，混合均匀后马上灌胶。一定要使配胶的几种溶液混合均匀，这是制得性质均一的凝胶的前提。

5. 未聚合的丙烯酰胺和亚甲双丙烯酰胺具有神经毒性，可通过皮肤和呼吸道吸收，应注意防护。

6. TEMED 易挥发，使用后请盖紧瓶盖。另外凝胶凝聚的速度和温度及光照关系密切，可通过适当调节 TEMED 的用量，控制在不同的室内环境下凝胶凝聚的速度。TEMED 易燃，有腐蚀性，操作时请小心，并注意有效防护以避免直接接触人体或腐蚀其他物品。

六、思考题

1. 制备凝胶时，胶长时间没有凝固，你认为可能的原因是什么？

2. 蛋白电泳染色后，发现蛋白电泳带成畸形：如笑脸状、皱眉状、拖尾、纵向条纹、条带偏斜及条带两边扩散，请逐一分析蛋白电泳带畸形的原因。

七、参考文献

[1] R. R. 伯吉斯，M. P. 多伊彻. 蛋白质纯化指南（原书第二版）[M]. 陈薇，主译. 北京：科学出版社，2013.

实验 5-5　Western blot

一、实验原理

与 Southern 或 Northern 杂交方法类似，Western blot 采用的是聚丙烯酰胺凝胶电泳（PAGE），被检测物是蛋白质，"探针"是抗体，对已知表达蛋白，可用相应抗体作为一抗进行检测，对新基因的表达产物，可通过融合标签的抗体进行检测。"显色"用标记的二抗。经过 SDS-PAGE 分离的蛋白质样品，转移到固相载体（如硝酸纤维素膜，NC 膜）上，固相载体以非共价键形式吸附蛋白质，且能保持电泳分离的多肽类型及其生物学活性不变。以固相载体上的蛋白质或多肽作为抗原，与对应的抗体起免疫反应，再与酶或同位素标记的第二抗体起反应，经过底物显色或放射自显影以检测电泳分离的特异性目的基因表达的蛋白成分（图 5.3）。该技术常用于目的基因表达产物的鉴别和定量检测蛋白的表达水平。

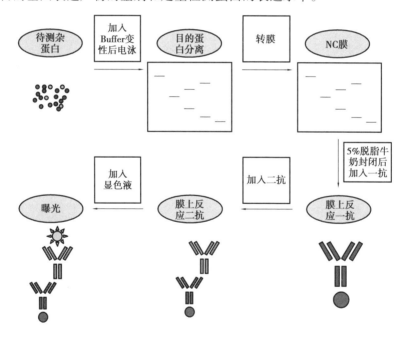

图 5.3　Western blot 原理示意图

二、实验目的

1. 检测表达的目标蛋白的特异性和表达量。
2. 掌握 Western blot 操作步骤和方法。

三、实验材料、仪器、试剂

1. 实验材料:提取的蛋白样品。
2. 实验仪器:转膜仪,蛋白显影仪。
3. 实验试剂:

(1)膜转移缓冲液:称取 2.9 g 甘氨酸、5.8 g Tris 碱、0.37 g SDS,向烧杯中加入约 600 mL ddH$_2$O,充分溶解后再加 ddH$_2$O 定容至 800 mL,加入 200 mL 甲醇。

(2)5% 脱脂奶粉(w/v):称取 5 g 脱脂奶粉溶解于 100 mL 1×TBST 溶液中。

(3)1×TBST 配制:20 mmol/L Tris/HCl(pH = 7.5),150 mmol/L NaCl,Tween 按 1∶1 000 加入。

(4)一抗及过氧化物酶标记的二抗。

(5)显色相关试剂。

四、实验步骤

1. PAGE 电泳结束前的准备工作:

(1)将 NC 膜(Nitrocellulose 膜,又称硝酸纤维素膜)平铺于去离子水面,靠毛细作用自然吸水后再完全浸入水中 10 min 以排除气泡,随后浸泡入转移液中。

(2)PVDF(polyvinylidene fluoride)膜则在甲醇中浸泡 5 min 后转入膜转移缓冲液中,浸泡 15 min 左右。

(3)将滤纸也浸入膜转移缓冲液中。

2. 取胶:

(1)将胶卸下,根据蛋白 Marker 的位置来保留 30~100 kD 或分子量范围更广些的胶(以便保留其他感兴趣的蛋白),左上切角,在转膜液中稍稍浸泡一下,置于洁净玻璃板上。

(2)按顺序铺上膜与每侧 1 张(干转每侧 3 张)滤纸。注意用玻璃棒排出气泡,剪去滤纸与膜的过多部分(尤其是干转,以防止短路)。

3. 转膜:

(1)湿转:电转槽用去离子水淋洗晾干,加入转膜液。将胶平铺于海绵上,滴加少许转膜液再次排出气泡,封紧后放入电转槽,注意膜在正极一侧。将电泳槽置于冰水混合物中,保持低温。200 mA 转膜 90 min 左右,注意不同蛋白的要求不同,一般是蛋白越大需要的转膜时间越长。

(2)半干转膜:将凝胶夹层组合放在吸有转印缓冲液的滤纸之间,通过滤纸上吸附的缓冲液传导电流,起到转移的效果。因为电流直接作用在膜胶上,所以其转移条件比较严格,但是其转移时间短,效率高。

4. 封闭。封闭是为了使抗体只与特异的蛋白质结合而不是和膜结合。一般用 5% 脱脂奶粉进行封闭。

(1)在转膜结束前配好 5% 脱脂奶粉。转膜结束后将膜放入牛奶中封闭(一定要放在干净

的容器里,避免污染而且液体要足以覆盖膜),并清洗整理好用过的滤纸,以便下次使用;

(2)室温封闭 2.5 ~ 4 h。

5. 免疫反应:

(1)用 1×TBST 洗膜 3 次,每次 10 min。

(2)加入一抗,于 4 ℃中反应 12 h 以上。

(3)弃一抗,用 1×TBST 洗膜 3 次。

(4)加入辣根过氧化物酶(HRP)偶联的二抗平稳摇动,室温反应 1 h。

(5)弃二抗,用 1×TBST 洗膜 3 次,每次 10 min。

6. 显色反应(HRP 酶):

1)增强化学发光法(ECL)。ECL 显色原理:氨基苯二酰肼类主要是鲁米诺及异鲁米诺衍生物,是最常用的一类化学发光剂。鲁米诺作为发光底物的主要成分,在碱性条件下,通过辣根过氧化物酶催化,被 H_2O_2 氧化生成 3-氨基邻苯二酸的激发态中间体,当其回到激发态时发出光子,最大发射波长为 425 nm,光子信号可通过 X-ray 胶片或 CCD 成像仪显影。显色步骤如下:

(1)将两种显色底物 1∶1 等体积混合(一般各 1 mL∕膜)。

(2)将混合物覆盖在膜表面,摇晃使其均匀,持续 1 ~ 2 min。

(3)用保鲜膜把膜包起来,放入夹板中。

(4)在暗室中将 X 光片,覆盖在膜的上面,夹好夹子,曝光 1 min。

(5)显影、定影。

(6)根据结果调整曝光时间和曝光区域,得到最佳结果。

注意:荧光在一段时间后会越来越弱。

2)DAB 显色。DAB(3,3-二氨基联苯胺)和 HRP 反应产生棕色的不溶终产物。这种棕色沉淀不溶于酒精和其他有机溶剂,对于必须使用传统复染和封固介质的免疫组化染色应用特别理想。

对于 AP 标记的二抗,选用 BCIP 和 NBT 显色,它们在碱性磷酸酶(AP)作用下反应可生成一种不溶性黑紫色沉淀的强信号。

五、注意事项

1. 膜的选择:主要从实验目的和实验要求来考虑。例如,要做分子量小于 20 kD 的小蛋白,0.45 μm 的 NC 膜是不可取的,因为这样可能会使得蛋白因透过膜孔而造成膜结合的目的蛋白量不确定,从而影响结果的可靠性。而如果所分离的蛋白需要进行测序,则非 PVDF 膜不可,因为只有 PVDF 膜才能经受住严酷的清洗条件。

2. 抗体杂交与底物显色:一抗尽量选择小鼠或者兔来源的单克隆抗体,还要注意所用的抗体是否能够识别变性条件下的目标蛋白;二抗的效价一般都很高,只要在室温下杂交 1 h 就可以了,适当延长也可以。另外,要选择灵敏度较高的化学反应底物,如英格恩生物的超敏型 ECL 发光液 Enlight-Plus,检测级别可达 pg 级,发光时间长,稳定。

六、思考题

1. 如何选择最合适的蛋白杂交膜?
2. 免疫印迹后,信号弱或者无信号,可能的原因是什么? 如何解决这个问题?
3. 免疫印迹后,出现非特异性条带,可能的原因是什么? 如何解决这个问题?

七、参考文献

[1] 汪家政,范明.蛋白质技术手册[M].北京:科学出版社,2000.

第六章

蛋白质-DNA 相互作用分析

实验 6-1　酵母单杂交

酵母单杂交(Yeast one-hybrid)体系最早是由 Wang 和 Reed 于 1993 年从酵母双杂交技术发展而来,通过对报告基因的表型检测,分析 DNA 与蛋白之间的相互作用,以研究真核细胞内的基因表达调控。由于酵母单杂交方法检测特定转录因子与顺式作用元件专一性相互作用的敏感性和可靠性,现已被广泛用于研究并定位已知转录因子特异结合的 DNA 序列片段。

一、实验原理

在酵母单杂交过程中,将诱饵(bait)——DNA 目的片段,或者一段诱饵序列,通过单拷贝或者随机拷贝克隆到 p-AbAi 载体(图 6.1)上。随后通过 *Bst*B Ⅰ限制性内切酶对重组载体进行线性化,并将线性化的片段转入 Y1HGold 酵母菌株中。由于 Y1HGold 酵母菌株中的同源重组效应,线性化的片段被进一步整合到 Y1HGold 酵母菌株中作为诱饵特异性报告菌株。另一方面,许多真核生物的转录因子由物理和功能上独立的 DNA 结合区(Binding domain,BD)和转录激活区(Activation domain,AD)组成,因此可构建转录因子基因与酵母表达载体 pGADT7-AD(图 6.2)的融合表达载体,并将重组载体转化进诱饵特异性报告菌株,表达融合蛋白作为猎物(Prey)蛋白,随后通过金担子素 A(AbA)的抗性筛选来检测猎物蛋白与诱饵的相互作用(图 6.3)。如果猎物蛋白与诱饵序列相互作用,可通过转录激活结构域激活 RNA 聚合酶,启动下游报告基因 *AbA*^{r} 的转录,在筛选培养基上可观察到阳性菌落。如果猎物蛋白不与诱饵序列相互作用,则在筛选培养基上无法观察到阳性菌落。

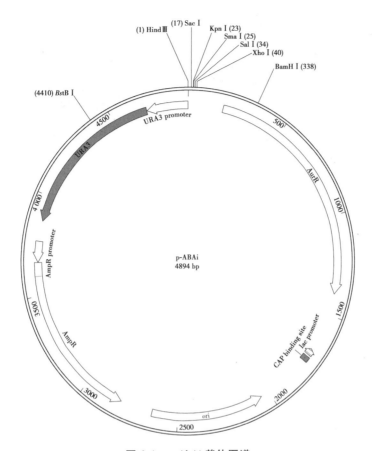

图 6.1　p-AbAi 载体图谱

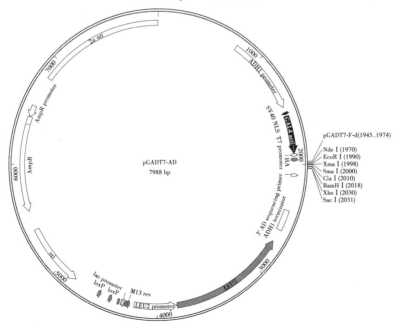

图 6.2　pGADT7-AD 载体图谱

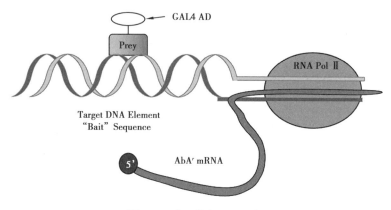

图 6.3 酵母单杂原理示意图

二、实验目的

1. 掌握酵母单杂交实验方法的基本原理和注意事项。
2. 掌握酵母单杂交实验方法验证蛋白质和 DNA 互作。

三、实验材料、仪器、试剂

1. 实验材料：Y1HGold 酵母株、DH5α 大肠杆菌菌株、pGADT7-AD 和 pGADT7-p53 质粒、p-AbAi 和 pAbAi-p53 质粒等，无菌接种环、10 cm 培养皿、15 cm 培养皿、EP 管、PCR 管。

2. 实验仪器：微量移液枪(2.5 μL,20 μL,50 μL,100 μL,200 μL,1 000 μL)、PCR 仪、低温离心机、台式离心机、琼脂糖凝胶电泳系统、凝胶成像系统、恒温摇床、恒温培养箱(30 ℃ 和 37 ℃)、通风橱、制冰机、振荡器、恒温金属浴等。

3. 实验试剂

(1)主要试剂：PCR Mix 酶、Solution I 连接酶、Nuclease-free 水、质粒提取试剂盒、胶回收试剂盒、腺嘌呤(adenine)、L-亮氨酸、10×TE buffer、10×LiAc(1 mol/L)、50% PEG4000、NaCl 溶液(0.9%)、限制性内切酶、鲑鱼精 DNA(Carrier DNA)、金担子素 A(Aureobasidin,A)、DMSO、氨苄青霉素(Ampicillin,Amp)、SD/-Ura、SD/-Leu-Ura、LB 培养基、YPDA 培养基。

(2)配制方法：

①1×TE/LiAc：取 10×TE 1 mL 溶液,10×LiAc 1 mL 溶液和 8 mL 无菌水于新的 50 mL 灭菌离心管中充分混匀,该溶液现配现用。

②PEG/LiAc：取 50% PEG 4000 8 mL,10×TE 1 mL 和 10×LiAc 1 mL 充分混匀,现用现配。

③20×Leu(50 mL)：L-亮氨酸 100 mg 溶于 50 mL ddH$_2$O 中,4 ℃ 保存。

④0.2% Adenine(50 mL)：称取 Adenine Hemisulfate Salt 0.1 g 溶 50 mL ddH$_2$O 中,4 ℃ 低温保存。

(3)10×Dropout Solution(-Leu/-Ura)：见表 6.1。

表6.1 10×Dropout Solution(-Leu/-Ura)的成分

试剂	浓度/(mg·L⁻¹)
L-Adenine hemisulfate salt	200
L-Arginine HCl	200
L-Histidine HCl monohydrate	200
L-Isoleucine	300
L-Lysine HCl	300
L-Methionine	200
L-Phenylalanine	500
L-Threonine	2000
L-Tyrosine	300
L-Tryptophan	200
L-Valine	1500

(4)YPDA 培养基(1 L):见表6.2。

表6.2 YPDA 培养基的成分

试剂	用量
蛋白胨(Difco peptone)	20 g/L
酵母提取物(Yeast extract)	10 g/L
葡萄糖(Glucose)	20 g/L
0.2% 腺嘌呤(Adenine)	15 mL
琼脂粉(Agar)	20 g/L

ddH$_2$O 溶解上述物质并定容至1 L,将 pH 值调至6.5(固体培养基每100 mL 加入2 g 琼脂粉)。121 ℃,高温灭菌15 min。

(5)SD/-Ura 培养基(1 L):见表6.3。

表6.3 SD/-Ura 培养基的成分

试剂	用量
YNB(without amino acids)	6.7 g/L
葡萄糖(Glucose)	20 g/L
10×Dropout Solution(−Leu/−Ura)	100 mL
20×Leu	50 mL
琼脂粉(Agar)	20 g/L

ddH$_2$O 溶解上述物质并定容至 1 L,将 pH 值调至 5.8(固体培养基每 100 mL 加入 2 g 琼脂粉)。121 ℃,高温灭菌 15 min。

(6)SD/-Leu-Ura 培养基(1 L):见表 6.4。

表 6.4　SD/-Leu-Ura 培养基的成分

试剂	用量
YNB(without amino acids)	6.7 g/L
葡萄糖(Glucose)	20 g/L
10×Dropout Solution (-Leu/-Ura)	100 mL
琼脂粉(Agar)	20 g/L

ddH$_2$O 溶解上述物质并定容至 1 L,将 pH 值调至 5.8(固体培养基每 100 mL 加入 2 g 琼脂粉)。121 ℃,高温灭菌 15 min。

四、实验方法步骤

1. 酵母报道子载体的构建。

酵母报道子(pBait-AbAi)包含目的顺式作用元件的一个或多个拷贝,且插到 pAbAi 载体 AbA^r 报告基因的上游。大量研究表明最有效的构建应包含目的 DNA 序列 3 个以上的首尾连接的拷贝。首尾连接的拷贝产生方式很多,但对于总长度小于 60 bp 的 DNA 序列,人工合成寡核苷酸是最方便可靠的途径。

设计并合成包含目的序列的两条反向互补的寡核苷酸序列,且两端加上与 pAbAi 载体酶切产物一致的黏性末端(建议合成一个目的序列的突变序列作为对照,以排除可能的假阳性)。

用 TE buffer 溶解寡核苷酸至终浓度 100 μmol/L。

将正向链和反向链按照 1∶1 的比例混合(退火后的双链寡核苷酸最大浓度为 50 μmol/L)。

95 ℃保温 30 s,去除二级结构。

72 ℃保温 2 min,37 ℃保温 2 min,25 ℃保温 2 min。

冰上放置 5 min。退火后的产物可贮存在−20 ℃冰箱备用。

酶切 1 μg pAbAi 载体,用凝胶回收纯化或柱纯化的方式纯化酶切产物。

注:回收前,可用琼脂糖凝胶电泳检测是否酶切完全。

将退火后的寡核苷酸稀释 100 倍至终浓度为 0.5 μmol/L。

在连接反应管中加入表 6.5 成分。

表 6.5　加入连接反应管的成分

试剂	用量/μL
pAbAi 酶切载体(50 ng/μL)	1.0
退火寡核苷酸(0.5 μmol/L)	1.0

续表

试剂	用量/μL
Solution I	5.0
Nuclease-free H$_2$O	3.0
总体积	10

注:如果有必要,可用 1 μL Nuclease-free H$_2$O 代替寡核苷酸作为阴性对照。

将反应体系放至金属浴中 16 ℃连接 2 h 后,转化大肠杆菌感受态 DH5α 并涂布于 Amp 抗性的 LB 固体培养基进行筛选培养,随后采用常规方法检测阳性克隆。

注:可用 PCR 扩增、酶切或测序进行检测。

2. Bait-Reporter 酵母菌株的生成。

质粒转化酵母细胞,生成 Bait-Reporter 酵母菌株,其原理如图 6.4 所示。

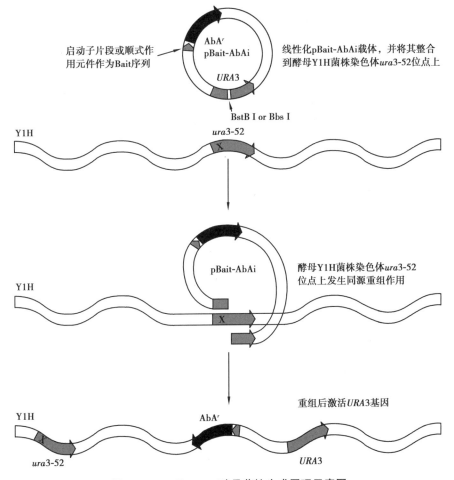

图 6.4 Bait-Reporter 酵母菌株生成原理示意图

用限制性内切酶 *Bst*B I 酶切 1 μg pBait-AbAi,p53-AbAi 质粒和 pAbAi 空载,使其在 *URA*3 基因处断开,纯化酶切产物。

按酵母转化的步骤,将酶切和纯化后的质粒(约 100 ng)转化为 Y1HGold 酵母。

酵母转化方法如下:

从 YPDA 平板上挑取生长 1～3 周,直径 2～3 mm 的酵母单克隆(Y1HGold)接入 1 mL YPDA 液体培养基中,振荡打散菌落,然后加入 50 mL YPDA 液体培养基,30 ℃恒温,250 r/min 振荡培养过夜(16～18 h)至 OD_{600}>1.5。

取适量过夜酵母菌接到 100 mL 新鲜的 YPDA 液体培养基至 OD_{600}=0.2～0.3,30 ℃恒温,250 r/min 振荡培养至 OD_{600}=0.4～0.6。

室温 5 000 r/min 离心 5 min,弃上清液,加入 10 mL ddH_2O 或 TE 重悬液洗涤酵母沉淀细胞,离心(3 000～4 000 r/min)弃上清液,重复洗涤一次,沉淀用 1 mL 1×TE/LiAc 重悬后,即为酵母感受态细胞。

在超净工作台中,向离心管中加入线性化的质粒 2～5 μL,鲑鱼精 DNA 10 μL,混匀后,加入 100 μL 酵母感受态细胞,涡旋混匀。

加入 600 μL PEG/LiAc,涡旋混匀,30 ℃恒温,250 r/min 振荡培养 30 min。

加入 70 μL DMSO,缓慢倒置混匀,42 ℃水浴 15 min,冰上 2 min,12 000 r/min 离心 30 s。

弃上清液,加入 100 μL 1×TE 重悬菌体。均匀涂布到 SD/-Ura 琼脂平板上。

28 ℃,黑暗倒置培养 3 d 后挑取 5 个单克隆,用上游引物(根据 *AbA*^{r} 基因序列设计)与下游引物(根据 *URA*3 下游的 Y1HGold 基因组序列设计)做菌落 PCR,进行阳性克隆检测,用 Y1HGold 的单克隆做阴性对照。

在超净工作台中,向 PCR 管中加 10 μL 无菌 H_2O,用干净的枪头轻轻接触酵母单克隆,以获得非常少量的酵母细胞,将枪头伸进无菌 H_2O 中搅拌,使酵母细胞散开,作为 PCR 模板。

注:切忌挑取整个酵母单克隆,因为细胞过多会阻止 PCR 反应的进行。如果加入酵母细胞后水变浑浊,证明加入了过多的酵母细胞。

向每个管中加入 19 μL PCR 混合体系(包括酶、上下游引物、ddH_2O、dNTP),混匀,离心。在超净工作台中,加入 1 μL 的模板,混匀。

每个 PCR 管中现已含的反应物见表 6.6(使用实验室普通 Mix,鉴定使用 20 μL 体系)。

表 6.6　每个 PCR 管中含有的反应物

试剂	用量/μL
PCR Mix 酶	10
上游引物	1
下游引物	1
ddH_2O	7
模板	1
总体积	20

按下述程序进行 PCR 反应：

94 ℃　　　　5 min

94 ℃　　　　30 s

58 ℃　　　　30 s　　35 cycles

72 ℃　　　　30 s

72 ℃　　　　10 min

4 ℃　　　　保存

取 5 μL PCR 产物，用 1% 的琼脂糖凝胶电泳分析。

注：上游引物与 *AbA'* 基因序列结合，下游引物与 *URA3* 下游的 Y1HGold 基因组结合，扩增片段长约 1.4 kb。PCR 检测 pBait-AbAi 的插入情况如图 6.5 所示。

AbA'　　　　　　　　　*URA3*

图 6.5　PCR 检测 pBait-AbAi 的插入情况

正确的 PCR 检测结果应是：

阳性对照：1.4 kb

阴性对照：无条带

诱饵菌株：1.35 kb+insert size

分别挑取 PCR 检测呈阳性的诱饵克隆和 p53-AbAi 阳性对照克隆，在 SD/-Ura 平板上划线培养。30 ℃ 孵育 3 d 后，将平板置于 4 ℃ 保存，即为新构建的 Y1HGold［Bait/AbAi］菌株和 ［p53/AbAi］阳性对照菌株。

为长期保存菌体，可挑取单克隆在 YPDA 液体培养基中过夜培养，离心收集菌体，用 1 mL 预冷培养基（100 mL 灭菌的 YPDA 与 50 mL 灭菌的 75% 甘油混合）重悬菌体，速冻后于 -80 ℃ 保存。

3. 检测诱饵菌株中 *AbA'* 基因的背景表达水平。

在不存在猎物蛋白的情况下，由于克隆到 pAbAi 载体中的诱饵序列不同，诱饵菌株报告基因的本底表达水平也不相同。例如：p53-AbAi 阳性对照的最低 AbA 抑制浓度为 100 ng/mL。

注：酵母单杂交实验成功的前提是没有内源转录因子能够与目的序列结合或者结合能力非常弱。因此在进行酵母单杂点对点验证或者文库筛选之前，检测所构建的诱饵菌株 *AbA'* 基因的表达情况十分重要。所以需要进行实验以确定进行酵母单杂点对点验证或者文库筛选时抑制诱饵菌株报告基因本底表达所需的 AbA 浓度。

分别挑取诱饵克隆和对照克隆，用 0.9% NaCl 重悬细胞，调节 OD_{600} 值到 0.002（大约 2000 个细胞/100 μL）。

在下述培养基上分别涂布 100 μL 重悬后的菌液，30 ℃ 培养 2~3 d。

SD/-Ura

SD/-Ura with AbA(100 ng/mL)

SD/-Ura with AbA(150 ng/mL)

SD/-Ura with AbA(200 ng/mL)

预期结果见表6.7。

表6.7 *AbA^r* 基因预期本底表达结果

[AbA]/(ng·mL^{-1})	Y1HGold[p53-AbAi]克隆数	Y1HGold[pBait-AbAi]克隆数
0	约2 000	约2 000
100	0	Bait dependent
150	0	Bait dependent
200	0	Bait dependent

在进行酵母单杂点对点验证或文库筛选时,使用 AbA 的浓度应为最低抑制浓度,或使用比最低抑制浓度稍高的 AbA 浓度(高50~100 ng/mL),以彻底抑制诱饵菌株的生长。

注:如果200 ng/mL AbA 不能抑制本底表达,可以尝试提高 AbA 浓度至500~1000 ng/mL。然而,在不存在猎物蛋白的情况下,如果1000 ng/mL 的 AbA 浓度仍无法抑制 *AbA^r* 基因的表达,那么很可能存在能够识别并与目的序列结合的内源调控因子,因而该目的序列无法用来进行酵母单杂交筛选,可以考虑截短诱饵启动子。

4. pGADT7—Prey 载体的构建。

设计克隆全长目的基因的引物并添加合适的酶点和保护碱基。经 PCR 扩增、酶切和纯化后得到用于载体连接的 DNA 片段。

注:注意避免融合基因发生移码突变。

使用相同的限制性内切酶酶切1 μg pGADT7-AD 质粒,并纯化酶切产物。

在连接反应管中加入表6.8所示成分。

表6.8 连接反应管中的成分

试剂	用量/μL
pGADT7 酶切载体(50 ng/μL)	1.0
目的基因酶切产物(50 ng/μL)	1.0
Solution I	5.0
Nuclease-free H_2O	3.0
总体积	10

将反应体系放置在金属浴中16 ℃连接2 h,转化大肠杆菌感受态 DH5α 并涂布于 Amp 抗性的 LB 固体培养基进行筛选培养,随后采用常规方法检测阳性克隆。

5. pGADT7-Prey 和 pBait-AbAi 酵母单杂互作检测。

将保存的重组 Y1H/pBait-AbAi 菌株在 SD/-Ura 培养基上划线培养,挑取活化的单菌落,画满整个板,倒置培养2~3 d,达到足够的菌体后,将该菌体制作成感受态。

将 pGADT7-Prey 质粒通过酵母转化(转化方法见本实验步骤2)的方法转化 Y1HGold[Bait/AbAi]感受态酵母。涂布于 SD/-Ura/-Leu 培养基平板上倒置培养3 d 左右。

观察 SD/-Ura/-Leu 培养基平板上是否有正常的酵母单菌落,并通过转录因子自身上下游引物进行 PCR 扩增检测。

挑选 PCR 扩增检测阳性克隆,用 SD/-Ura/-Leu 液体培养基进行 30 ℃ 恒温、250 r/min 振荡培养,收集菌体并通过 SD/-Ura/-Leu 液体培养基重悬,且调整至 $OD_{600}=0.6$,移液枪吸取 10 μL 重悬菌液点到 SD/-Ura/-Leu/+AbA 培养基平板上 28 ℃ 恒温,黑暗倒置培养 3~5 d。

注:pGADT7-P53+p53-AbAi 为阳性对照组。

pGADT7-AD+pBait-AbAi 为阴性对照组。

pGADT7-Prey+pMutant-AbAi 为突变对照组。实验操作同上。

3~5 d 后,观察 SD/-Ura/-Leu/+AbA 培养基平板上是否生长出酵母单菌落及单菌落大小,判断蛋白与 DNA 是否互作及相互作用强度。同时拍照保存。

6. 预期结果。

阳性对照组可以长出单菌落。阴性对照组不长单菌落。

实验组 pGADT7-Prey+pBait-AbAi 不长单菌落,代表不互作。

实验组 pGADT7-Prey+pBait-AbAi 长单菌落,且突变对照组不长单菌落,代表猎物蛋白与诱饵序列直接互作。

五、注意事项

1. 形成双链时,缓慢退火,有助于双链寡核苷酸的形成。

2. 准备 SD/-Ura/+AbA 固体平板,使 AbA 浓度分别达到 150 ng/mL,200 ng/mL,250 ng/mL。准备好平板后,将 Y1H/pBait-AbAi 划线于上述梯度的平板上,倒置培养 2~3 d。若高浓度无法抑制,停止进行下一步。

3. 将实验组、阳性对照、阴性对照的重组酵母菌液吸取 10 μL(不稀释、1/100、1/1 000、1/10 000),点涂到 SD/-Ura/-Leu/+AbA 平板上,倒置培养 3~5 d,用于拍照。

4. Carrier DNA 第一次使用需在沸水浴中将该物质煮沸 0.5 h,随后立即插入冰水混合物中冷却,之后每次使用前需沸水浴煮沸 5 min 后,立即冰水浴冷却。

六、思考题

1. 简述酵母单杂交实验方法的优缺点。
2. 简述酵母单杂交实验方法的应用场景。

七、参考文献

[1] WANG M M, REED R R. Molecular cloning of the olfactory neuronal transcription factor *Olf*-1 by genetic selection in yeast[J]. Nature, 1993, 364(6433):121-126.

[2] REECE-HOYES J S, MARIAN WALHOUT A J. Yeast one-hybrid assays:A historical and technical perspective[J], Methods, 2012, 57(4):441-447.

实验 6-2　双荧光素酶报告基因实验

荧光素酶报告基因实验是一种以荧光素(Luciferin)为底物来检测萤火虫荧光素酶(Fire-flyluciferase)活性的报告系统。萤火虫荧光素酶催化荧光素氧化过程中,会发出生物荧光,这种生物荧光强度可以通过荧光测定仪测定。

单报告基因实验往往会受到各种实验条件的影响,而双报告基因则通过共转染的"对照"作为内参为试验提供基准线,从而可以在最大程度上减小细胞活性和转染效率等外在因素对实验的影响,使得数据结果更为可信。

双荧光素酶报告基因实验是在荧光素酶报告基因实验的基础上引入海肾荧光素酶作为内参基因的报告系统。一般情况下,将带有海肾荧光素酶基因的质粒与萤火虫荧光素酶报告基因质粒共转染细胞;或是将两个报告基因构建到同一个质粒上,分别用不同的启动子启动其表达。计算结果时,将萤火虫荧光素酶的检测值除以海肾荧光素酶检测值,可以减少内在变化因素对实验准确性的影响。萤火虫荧光素酶产生的光颜色呈现黄绿色,波长 550 ~ 570 nm;而海肾荧光素酶产生蓝光,波长 480 nm。正是由于这两种酶的底物和发光颜色不同,所以在双荧光报告实验中得到广泛应用。

在真核生物中,通过顺式调控元件和反式作用因子的相互作用,对基因表达进行调控。顺式调控元件包括启动子、增强子和沉默子,是能被序列特异性 DNA 结合蛋白识别的 DNA 位点。反式作用因子是一些能结合核心启动子和启动子近端元件的调控蛋白,能协助 RNA 聚合酶 Ⅱ 启动转录,并与聚合酶形成启动复合物。启动子是位于基因 5′ 端近旁的一段调控序列,能作为 RNA 聚合酶的结合位点,同时也是转录因子结合的位点。转录因子的 DNA 结合域和顺式作用元件实现共价结合,从而对基因的表达起抑制或增强作用。双荧光素酶报告基因实验是检测这类转录因子和其靶基因启动子中的特异 DNA 序列结合的重要手段。

一、实验原理

将转录因子基因的全长 CDS 序列克隆到 pGreen Ⅱ 62-SK 载体(图 6.6)上,形成效应子。同时,将顺式调控元件(如启动子序列)连接到 pGreen Ⅱ 0800-LUC 载体(图 6.7)上萤火虫荧光素酶基因的上游,构建成荧光素酶报告质粒,使这段 DNA 序列调控萤火虫荧光素酶基因的转录表达。然后将效应子和报告质粒共转染烟草细胞,处理后裂解细胞,并加入底物荧光素,测定荧光素酶活性。为了避免由于质粒转染细胞时效率差异造成的误差,以检测海肾荧光素酶的荧光值作为内参,形成了双荧光素酶报告基因检测系统。如果转录因子和顺式调控元件序列结合,则会影响萤火虫荧光素酶基因的表达,如果转录因子不能结合顺式调控元件序列,则萤火虫荧光素酶基因的表达不受影响(图 6.8)。

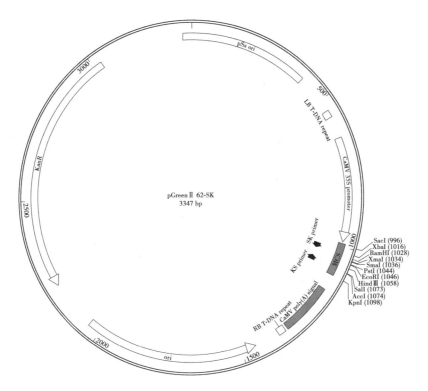

图 6.6 pGreenⅡ 62-SK 载体图谱

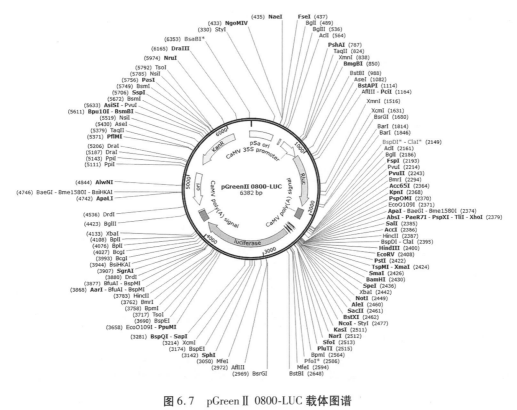

图 6.7 pGreenⅡ 0800-LUC 载体图谱

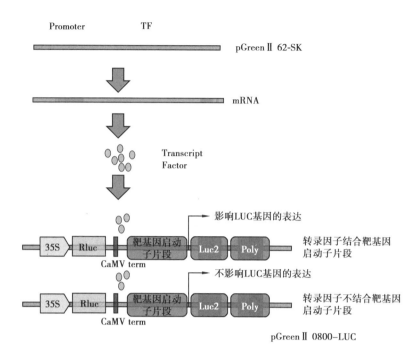

图 6.8　双荧光素酶报告基因实验原理图

二、实验目的

1. 检测转录因子与目的基因启动子区 DNA 是否存在相互作用。
2. 检测转录因子对下游靶基因的表达起抑制或增强的作用。

三、实验材料、仪器、试剂

1. 实验材料：本氏烟草（*Nicotiana benthamiana*）、大肠杆菌 DH5α 菌株、GV3101 菌株、pGreen Ⅱ 62-SK 载体、pGreen Ⅱ 0800-LUC 载体、EP 管、RNA-Free 枪头、记号笔、冰盒、培养皿、96 孔板。

2. 实验仪器：光照培养箱、PCR 仪、37 ℃恒温培养箱、水浴锅、制冰机、超净工作台、金属浴、摇床、微量移液枪、电泳仪、紫外分光光度计、紫外酶标仪等。

3. 实验试剂：LB 培养基、YEB 培养基、烟草注射工作液、限制性内切酶及酶切缓冲液、纯化试剂盒、质粒提取试剂盒以及卡那霉素（Kan）、利福平（Rif）、PLB 细胞裂解液、双荧光素酶检测试剂盒（Promega）、LAR Ⅱ（荧光素酶底物）、1×Stop and Glow™ buffer。

烟草注射工作液的配制（表 6.9）：

表 6.9　烟草注射工作液的成分

组分	用量
0.5 mol/L MES	1 mL
20 mmol/L Na₃PO₄	1 mL
D-葡萄糖	50 mg
1 mol/L 酰丁香酮	1 μL
ddH₂O(一般情况下最先加入)	补齐至 10 mL

四、实验方法步骤

1. 构建载体和农杆菌转化。

将目的转录因子全长 CDS 构入 pGreen Ⅱ 62-SK 载体,将靶基因启动子片段构入 pGreen Ⅱ 0800-LUC 载体。所有载体先转化大肠杆菌,再转入 GV3101 农杆菌中。

2. 烟草的培育。

本氏烟草种子播种发芽后分苗,26 ℃恒温培养 32 d 左右,烟草叶片长至直径约 2 cm 大小,即可注射农杆菌。

3. 烟草注射。

将构建好的农杆菌菌种在 YEB(50 μg/mL Rif+50 μg/mL Kan)固体培养基上划线(目的是活化菌种),挑取单菌落利用 PCR 技术验证目的片段后,将菌液加入 10 mL 含有抗生素的 YEB 液体培养基中进行扩大培养,待菌液浑浊以后再取 1 mL 菌液加入 25 mL 含有抗生素的 YEB 液体培养基中进行过夜扩大培养(YEB 50 μg/mL Rif+50 μg/mL Kan;28 ℃,200 r/min)。

将过夜培养的菌液进行菌体富集(5 000 r/min,5 min),去上清液后用烟草注射工作液重悬清洗一次,去上清液后再用少量的烟草注射工作液重悬,测其 OD₆₀₀ 值(此步骤确保 OD₆₀₀ 值约为 0.6~0.8)。

按照表 6.10 的设计,将含有 pGreen Ⅱ 62-SK 载体和 pGreen Ⅱ 0800-LUC 载体的重悬液按照终浓度 OD₆₀₀ 值=0.6 混合后,28 ℃避光静置 2 h。

表 6.10　对照组和实验组设计

对照组	实验组
pGreen Ⅱ 62-SK-空载 pGreen Ⅱ 0800-LUC-靶基因启动子片段	pGreen Ⅱ 62-SK-转录因子全长 CDS pGreen Ⅱ 0800-LUC-靶基因启动子片段

使用无针头 1 mL 注射器将静置后的混合菌液从烟草下表皮处注射,尽量使菌液均匀注满整片烟草叶片(标记好注射的叶片),烟草从上至下第三片叶片为转化效率最高的烟草。注射后的烟草 28 ℃避光处理 12 h 后转至光照培养箱 28 ℃恒温培养 3 d。

4.双荧光素酶检测。

取直径 2 cm 大小、已注射农杆菌液的烟草叶片于液氮中研磨,全部转入 5 mL 离心管中,加 500 μL 1×PLB(细胞裂解液),涡旋振荡混匀,常温 15 min 裂解反应,其间每隔 5 min 涡旋振荡混匀。

取 5 μL 裂解后细胞液上清液至 96 孔板中(白底无盖),加入 40 μL LAR Ⅱ(荧光素酶底物),吹打混匀后立即用紫外酶标仪 OD_{560} 检测 LUC 荧光强度值。

在上述 96 孔板加样孔中加入 40 μL 1×Stop and Glow™ buffer,吹打充分混匀后立即用紫外酶标仪 OD_{480} 检测 REN 荧光强度值。

计算相对荧光强度[LUC/REN ratio=LUC 荧光强度值/REN 荧光强度值(重复 3 次)],并将实验组与空载对照组进行比较,判断转录因子对下游靶基因的启动子活性起抑制还是增强作用。

五、注意事项

同一株烟草可选择形态舒展的叶片注射 2～3 片,不超过 4 片,有利于后续叶片的恢复和瞬时侵染的效果。

六、思考题

1.双荧光素酶报告基因实验的优缺点是什么?
2.怎样提高外源蛋白在烟草中的瞬时表达?
3.蛋白提取多久后进行荧光实验最佳?

七、参考文献

[1] XU Y Z,KANAGARATHAM C,JANCIK S,et al. Promoter deletion analysis using a dual-luciferase reporter system[J]. Methods in Molecular Biology,2013,977:79-93.

[2] XU N,CHU Y,CHEN H,et al. Rice transcription factor OsMADS25 modulates root growth and confers salinity tolerance via the ABA-mediated regulatory pathway and ROS scavenging[J]. PLoS Genetics,2018,14(10):e1007662.

实验 6-3　GUS 染色报告基因实验

GUS 染色报告基因实验(Gus Reporter Assay)是在双荧光素酶报告基因实验的基础上,将萤火虫荧光素酶基因替换为 β-葡萄糖醛酸糖苷酶(GUS)报告基因,利用 GUS 染色可以简单快速地检测实验结果,GUS 染色报告基因实验是检测转录因子和其靶基因启动子中的特异序列结合的重要手段。

一、实验原理

将 pGreen Ⅱ 0800-LUC 载体上的萤火虫荧光素酶基因替换为 β-葡萄糖醛酸糖苷酶报告基因,效应子和 GUS 报告质粒构建策略同双荧光素酶报告基因实验,然后将效应子和报告质粒共转染烟草细胞,利用 β-葡萄糖醛酸糖苷酶可以将 5-溴-4-氯-3-吲哚-β-葡萄糖苷酸(X-Gluc)水解生成蓝色产物的特性,用含有底物 X-Gluc 的缓冲液浸泡转染烟草叶片,检测蓝色产物是否产生,来判断转录因子和其靶基因启动子中的特异 DNA 序列是否结合。

二、实验目的

检测转录因子与目的基因启动子区 DNA 是否存在相互作用。

三、实验材料、仪器、试剂

1. 实验材料:本氏烟草(*Nicotiana benthamiana*)、大肠杆菌 DH5α 菌株、GV3101 感受态、pGreen Ⅱ 62-SK 载体、融合载体 0800-GUS、EP 管、RNA-Free 枪头、记号笔、冰盒、培养皿。

2. 实验仪器:光照培养箱、PCR 仪、37 ℃恒温培养箱、水浴锅、制冰机、超净工作台、金属浴、摇床、微量移液枪、电泳仪、紫外分光光度计等。

3. 实验试剂:LB 培养基、YEB 培养基、烟草注射工作液、限制性内切酶及酶切缓冲液、纯化试剂盒、质粒提取试剂盒。

注:培养基配制方法同双荧光素酶报告基因实验。

GUS 染色剂的配制(表 6.11):

表 6.11　GUS 染色剂的组分

组分	用量
磷酸缓冲液(pH 7.2)0.5 mol/L	5 mL
Triton X-100 10%	500 μL
铁氰化钾 100 mmol/L	1 mL
亚铁氰化钾 100 mmol/L	1 mL
EDTA 0.5 mol/L	1 mL
X-Gluc 0.5 mg/mL	25 mg
ddH$_2$O	补齐至 50 mL

四、实验方法步骤

1. 构建载体和农杆菌转化。

将目的转录因子全长 CDS 构入 pGreen II 62-SK 载体,将靶基因启动子片段构入 GUS 报告基因上游(使用融合载体 0800-GUS)。所有重组载体均转入 GV3101 农杆菌中。

2. 烟草的培育与烟草的注射。

烟草的培育与烟草的注射实验方法同双荧光素酶报告基因实验,详见本章实验 6-2 的方法步骤。

其中烟草注射的实验组和对照组见表 6.12。

表 6.12 对照组和实验组对照

对照组	实验组
pGreen II 62-SK-空载 融合载体 0800-GUS-靶基因启动子片段	pGreen II 62-SK-转录因子全长 CDS 片段 融合载体 0800-GUS-靶基因启动子片段

3. GUS 染色。

取恢复正常的烟草叶片于培养皿中,加入 GUS 染色液至完全浸泡过叶面,于 28 ℃遮光条件下染色 12 h。

吸出 GUS 染色液,4 ℃保存(GUS 染色液可酌情多次染色)。加入 75%的酒精至完全浸泡过叶面,于 28 ℃遮光条件下脱色至叶脉完全变白(脱色期间需更换酒精)。

五、注意事项

1. 选取长势较好的烟草,叶片不能发黄。
2. GUS 染色时,染液要完全浸湿烟草叶片,并且要遮光处理。
3. GUS 染色液可以重复利用,注意避光保存。

六、思考题

1. GUS 染色报告基因实验的优缺点是什么?
2. 如何提高外源蛋白在烟草里面的瞬时表达?

七、参考文献

[1] JEFFERSON R A,KAVANAGH T A,BEVAN M W. GUS fusions:Beta-glucuronidase as a sensitive and versatile gene fusion marker in higher plants[J]. EMBO Journal,1987,6(13):3901-3907.
[2] LI X X,YU B,WU Q,et al. OsMADS23 phosphorylated by SAPK9 confers drought and salt tolerance by regulating ABA biosynthesis in rice[J]. PLoS Genetics,2021,17(8):e1009699.

实验 6-4　转录活性验证实验

一、实验原理

在双荧光素酶报告基因实验的基础上,在 pGreen Ⅱ 62-SK 载体 35S 启动子后添加 GAL4 DNA 结合域(GAL4BD),将转录因子编码序列连接到 GAL4BD 下游形成效应子;在 pGreen Ⅱ 0800-LUC 载体中 LUC 基因上游添加 UAS 序列(上游激活域,upstream activating sequence)和 minimal 35S 启动子(包含 TATA 盒),形成报告质粒(图6.9)。Gal4 DNA 结合域可结合特定的 UAS 序列,从而使融合蛋白中的转录因子在空间上靠近 mini 35S 启动子,影响荧光素酶转录活性。通过荧光素酶活性的高低判断转录因子是具有转录激活活性还是抑制活性。

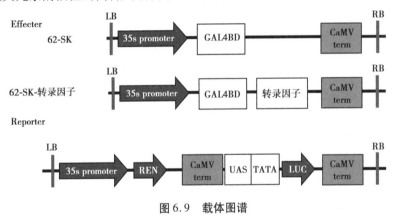

图6.9　载体图谱

二、实验目的

检测转录因子的转录激活或抑制活性。

三、实验材料、仪器、试剂

1. 实验材料:本氏烟草、大肠杆菌 DH5α 菌株、GV3101 菌株、EP 管、RNA-Free 枪头、记号笔、冰盒、培养皿。

2. 实验仪器:光照培养箱、PCR 仪、37 ℃恒温培养箱、水浴锅、制冰机、超净工作台、金属浴、摇床、微量移液枪、电泳仪、紫外分光光度计、紫外酶标仪等。

3. 实验试剂:LB 培养基、YEB 培养基、烟草注射工作液、限制性内切酶及酶切缓冲液、纯化试剂盒、质粒提取试剂盒。

培养基与烟草注射工作液配制方法同双荧光素酶报告基因实验。

四、实验方法步骤

1. 构建载体和农杆菌转化

将目的转录因子全长 CDS 序列通过限制性内切酶酶切、连接构入 pGreen Ⅱ 62-SK + GAL4BD 载体。所有大肠杆菌载体均转入 GV3101 农杆菌中。

2. 烟草的培育、烟草注射

烟草的培育、烟草注射和双荧光素酶检测方法同双荧光素酶报告基因实验,详见本章实验 6-2 方法步骤。

其中烟草注射的对照组和实验组见表 6.13。

表 6.13 对照组和实验组设计

对照组	实验组
pGreen Ⅱ 62-SK-GAL4BD 空载 pGreen Ⅱ 0800-LUC-UAS	pGreen Ⅱ 62-SK-GAL4BD-转录因子全长 CDS 片段 pGreen Ⅱ 0800-LUC-UAS

五、注意事项

1. 选择长势较好的烟草进行注射。
2. 每棵烟草注射 2 ~ 3 片叶子即可,注射太多不利于后续叶片的恢复和瞬时侵染的效果。

六、思考题

1. 为什么要在 pGreen Ⅱ 62-SK 载体上添加 GAL4 DNA 结合域?
2. UAS 序列的作用是什么?
3. 如何提高农杆菌侵染烟草的效率?

七、参考文献

[1] PROZZILLO Y, CUTICONE S, FERRERI D, et al. *In vivo* silencing of genes coding for dtip60 chromatin remodeling complex subunits affects polytene chromosome organization and proper development in *Drosophila melanogaster*[J]. International Journal of Molecular Sciences, 2021, 22(9):4525.

实验 6-5　凝胶迁移实验

凝胶迁移率或电泳迁移率实验(Electrophoretic mobility shift assay, EMSA)是一种验证DNA结合蛋白和其相关的DNA结合序列在体外相互作用的技术,可用于定性和定量分析。

一、实验原理

EMSA主要基于蛋白-探针复合物在凝胶电泳过程中比对照组迁移更慢,是一种用于检测蛋白与核酸相互作用的技术。依据实验设计特异性和非特异性探针,当核酸探针与蛋白样本混合孵育时,样本中能够与核酸探针结合的蛋白质与探针形成蛋白-探针复合物,这类复合物因为分子量大,在进行聚丙烯酰胺凝胶(PAGE)电泳时迁移较慢,而没有联合蛋白的探针则移动较快。孵育的样本在进行PAGE电泳并转膜后,蛋白-探针复合物会在膜靠前的位置形成一条带,说明有蛋白与目标探针发生互作。

二、实验目的

1. 掌握EMSA实验的基本原理和实验步骤。
2. 了解EMSA实验相关操作中的注意事项。

三、实验材料、仪器、试剂

1. 实验材料:蓝色、黄色、白色灭菌枪头,1.5 mL、15 mL、50 mL离心管,灭菌水,放样板,量筒,浮漂,制胶模具,
2. 实验仪器:微波炉、垂直电泳系统(BIO-RAD)、Gel Doc2000成像系统(BIO-RAD)、转膜仪(1704150)、化学发光仪(ChemiDoc XRS$^+$)、水浴锅等。
3. 实验试剂:合成的生物素标记探针、未标记的探针和突变体探针、目的转录因子抗体(或标签抗体)、5×TBE、30% Acrylamide、10% AP、TEMED、带正电的尼龙膜、EMSA试剂盒〔试剂盒内包含 EMSA/Gel-Shift 结合缓冲液(5×)、上样缓冲液(10×)、BeyoECL Moon A液、BeyoECL Moon B液、Streptavidin-HRP Conjugate、封闭液、洗涤液(5×)、检测平衡液等〕。

四、实验方法步骤

1. 制备5%非变性聚丙烯酰胺凝胶(Native胶)1.0 mm板。制备5%非变性聚丙烯酰胺凝胶(Native胶)1.0 mm板,组成见表6.14。

表 6.14　5% 非变性聚丙烯酰胺凝胶(Native 胶) 1.0 mm 板组分

试剂	用量(15 mL 体系)	用量(7.5 mL 体系)
H_2O	9.4 mL	4.7 mL
5×TBE	3 mL	1.5 mL
30% Acrylamide	2.5 mL	1.25 mL
10% AP	110 μL	55 μL
TEMED	10 μL	5 μL
Total volume	15 mL(for 2 gels)	7.5 mL(for 1 gels)

注:制胶前必须把制胶模具冲洗干净,不要拿错模具,EMSA 和 WB 的模具要分开使用。按照上述顺序依次加入各种试剂,10% AP 现配现用,加入 TEMED 前先混匀,加入 TEMED 后立即混匀,并马上加入制胶的模具中。避免产生气泡,并插上梳齿,等待胶凝固。

2.预电泳。取出 Native 胶,在 Cold room 里进行预电泳。电泳缓冲液:0.5×TBE(预冷),电压 100 V,时间 30~60 min(一般 45 min)。

3.EMSA 结合反应。

(1)阴性对照反应:

组成	用量/μL
Nuclease-Free Water	7
EMSA/Gel-Shift 结合缓冲液(5×)	2
细胞核蛋白或纯化的转录因子	0
标记好的探针	1
总体积	10

(2)样品反应:

组成	用量/μL
Nuclease-Free Water	5
EMSA/Gel-Shift 结合缓冲液(5×)	2
细胞核蛋白或纯化的转录因子	2
标记好的探针	1
总体积	10

（3）探针冷竞争反应：

组成	用量/μL
Nuclease-Free Water	4
EMSA/Gel-Shift 结合缓冲液（5×）	2
细胞核蛋白或纯化的转录因子	2
未标记的探针	1
标记好的探针	1
总体积	10

（4）突变探针的冷竞争反应：

组成	用量/μL
Nuclease-Free Water	4
EMSA/Gel-Shift 结合缓冲液（5×）	2
细胞核蛋白或纯化的转录因子	2
未标记的突变探针	1
标记好的探针	1
总体积	10

（5）Super-shift 反应：

组成	用量/μL
Nuclease-Free Water	4
EMSA/Gel-Shift 结合缓冲液（5×）	2
细胞核蛋白或纯化的转录因子	2
目的蛋白或标签蛋白特异抗体	1
标记好的探针	1
总体积	10

按照上述顺序依次加入各种试剂，在加入标记好的探针前先混匀，并在室温（20～25 ℃）下放置 10 min，从而消除可能发生的探针和蛋白的非特异性结合，或者让冷探针优先反应。然后加入标记好的探针，混匀，室温（20～25 ℃）放置 20 min。反应结束后再加 5 μL DNA loading buffer，混匀后立即上样。注意：进行初步验证性结合实验时，仅需进行（1）+（2）组反应，（3）+（4）组反应，用于检测目的转录因子与探针结合的特异性，而（5）组反应用于检测蛋白-探针复合物中目的转录因子的特异性。

4. 电泳。将反应体系与上样缓冲液混合后加入到上样孔内，开始电泳。电泳条件与预电泳一致，即电压：100 V，低温，时间 45 min，0.5×TBE 缓冲液，跑至胶的 2/3 处即可。

5. 转膜和交联：

（1）取一张和 EMSA 胶大小相近或略大的尼龙膜，剪角做好标记，用 0.5×TBE 缓冲液浸泡至少 10 min。尼龙膜自始至终仅能使用镊子夹取，并且仅可夹取接触不到样品的边角处。

（2）拿三层厚三层薄、三层薄三层厚、与尼龙膜大小相近或略大的滤纸，用 0.5×TBE 浸湿。

（3）打开凝胶夹，注意夹的一侧为烟灰色，另一侧透明。将凝胶夹放置在一个大的玻璃平皿中，灰色面放在底部，透明面成一定倾角靠在平皿壁上。

（4）向平皿内倒入 0.5×TBE 缓冲液，在灰色面上依次放上：海绵一个、三层厚三层薄滤纸、平衡过的凝胶、平衡过的尼龙膜、三层薄三层厚滤纸、海绵一个，最后合上凝胶夹。注意避免尼龙膜和凝胶之间出现气泡。注意向一个方向赶气泡。

（5）采用 Western 时所使用的湿法电转膜装置或其他类似的电转膜装置，以 0.5×TBE 为转膜液，把 EMSA 胶上的探针、蛋白以及探针和蛋白的复合物等转移到尼龙膜上。电压为 100 V，时间为 45 min。对于大小约为 10 cm×8 cm×0.1 cm 的 EMSA 胶，用 BioRad 的常用的 Western 转膜装置，电转时可以设置为 380 mA（约 100 V）转膜 30～60 min。

（6）转膜完毕后，小心取出尼龙膜，样品面向上，放置在另一干燥的滤纸上，轻轻吸掉下表面明显的液体。立即进入下一步的交联步骤，不可使膜干掉。

（7）用紫外交联仪（UV-light cross-linker）选择 254 nm 紫外波长，120 mJ/cm^2，交联 45～60 s。也可以使用超净工作台内的紫外灯，距离膜 5～10 cm 左右照射 3～15 min。

6. 化学发光法检测生物素标记的探针

（1）37～50 ℃水浴溶解封闭液和洗涤液。

（2）准备几个方皿（可标记好后重复利用，最好不要混用）。

（3）取方皿 1 加入 15 mL 封闭液，再放入交联过的含有样品的尼龙膜。在水平摇床上缓慢摇动 15 min。

（4）取 7.5 μL Streptavidin-HRP Conjugate 加入到 15 mL 封闭液中（1∶2 000 稀释），混匀备用。

（5）将尼龙膜转移至方皿 2 后加入上一步配制的 15 mL 含有 Streptavidin-HRP Conjugate 的 Blocking buffer。在水平摇床上缓慢摇动 15 min。

（6）取 25 mL 洗涤液（5×），加入 100 mL ddH$_2$O，混匀配制成 125 mL 洗涤液。

（7）将尼龙膜转移至另一装有 15～20 mL 洗涤液的方皿 3，漂洗 1 min。

（8）去除洗涤液，加入 15～20 mL 洗涤液，在水平摇床上缓慢洗涤 5 min。

（9）重复步骤（8）3 次（共洗涤 4 次），每次洗涤时间都约为 5 min。

（10）将尼龙膜转移至另一装有 20～25 mL 平衡液的方皿 4 内，在水平摇床上缓慢摇动 5 min。

（11）取 5 mL BeyoECL Moon A 液和 5 mL BeyoECL Moon B 液混匀，配制成 BeyoECL Moon 工作液。

（12）取出尼龙膜，用吸水纸吸去过多液体。立即将膜的样品面向上，放置到处于水平桌面上的方皿 5 中。

（13）在尼龙膜的表面小心加上步骤（11）配制好的共 10 mL BeyoECL Moon 工作液,使工作液完全覆盖尼龙膜。室温黑暗放置 2 ~ 3 min。

（14）取出尼龙膜,用吸水纸吸去过多液体,随后放入化学发光仪中进行拍照观察。

五、注意事项

1. 转膜时需保持转膜液的温度较低,通常可以把电转槽置于 4 ℃ 冷库或置于冰浴或冰水浴中进行电转,这样可以确保低温。

2. 封闭液和洗涤液可以在室温至 50 ℃ 之间使用,但必须确保这两种溶液完全溶解且无沉淀产生,在冬天需特别注意。

3. BeyoECL Moon 工作液必须现配现用。

六、思考题

1. 凝胶迁移实验的原理?

2. 凝胶迁移实验的优缺点是什么?

七、参考文献

[1] HELLMAN L M, FRIED M G. Electrophoretic mobility shift assay（EMSA）for detecting protein-nucleic acid interactions[J]. Nature Protocols,2007,2(8):1849-1861.

实验 6-6　ChIP-qPCR

染色质免疫沉淀技术（Chromatin Immunoprecipitation,ChIP）是一种可在体内用来确定与某一特定蛋白结合或蛋白定位所在的特异性 DNA 序列的技术。它利用抗原抗体反应的特异性,可以真实地反映体内蛋白因子与基因组 DNA 结合的状况。

一、实验原理

ChIP-qPCR 是将 ChIP 和 PCR 技术结合起来,在体内检测与特异蛋白质结合的 DNA 片段。ChIP 技术最大的优点就是在活体细胞状态下研究了蛋白质和目的基因结合的状况,减少了体外实验的误差。在活体细胞中,先对与调节蛋白结合的染色质进行分离,然后通过一定的方法（如超声波）随机剪切染色质,用调节蛋白的抗体沉淀目的染色质,再通过一定手段把目的染色质上的蛋白质去除掉,最后用 PCR 等方法检测鉴定共沉淀的 DNA 片段。

二、实验目的

检测转录因子与预测 DNA 片段是否结合。

三、实验材料、仪器、试剂

1. 实验材料:水稻样品(3 ~ 4 周苗龄幼苗)、离心管、RNA-Free 枪头、记号笔、冰盒、培养皿。

2. 实验仪器:水浴锅、摇床、漩涡振荡器、冷冻离心机、超声仪、制冰机、移液器、电泳仪、干燥器等。

3. 实验试剂:

(1)母液:

①1% 甲醛:

组分	用量	终浓度
37% 甲醛	1 mL	1%
ddH$_2$O	36 mL	

②2 mol/L 甘氨酸:

组分	用量	终浓度
甘氨酸	1.5 g	2 mol/L
ddH$_2$O	至 10 mL	

③2 mol/L 蔗糖:

组分	用量	终浓度
蔗糖	34.2 g	2 mol/L
ddH$_2$O	至 50 mL	

④1 mol/L MgCl$_2$:

组分	用量	终浓度
MgCl$_2$ · 6H$_2$O	10.15 g	1 mol/L
ddH$_2$O	至 50 mL	

⑤20% SDS：

组分	用量	终浓度
SDS	10 g	20%
ddH₂O	至 50 mL	

⑥20% Triton X-100：

组分	用量	终浓度
Triton X-100	2 mL	20%
ddH₂O	8 mL	

⑦1 mol/L Tris-HCl（pH＝8.0）：

组分	用量	终浓度
Tris	60.55 g	1 mol/L
ddH₂O	500 mL	
HCl		调节 pH 值至 8.0

⑧4 mol/L LiCl：

组分	用量	终浓度
LiCl	8.4 g	4 mol/L
ddH₂O	至 50 mL	

⑨5 mol/L NaCl：

组分	用量	终浓度
NaCl	29.22 g	5 mol/L
ddH₂O	至 100 mL	

⑩蛋白酶抑制剂（protease inhibitor）：

组分	用量	终浓度
PMSF	0.348 g	0.2 mol/L
异丙醇	至 1 000 mL	

（2）工作液：

①提取缓冲液 1（Extraction buffer 1）：

组分	用量	终浓度
2 mol/L 蔗糖	20 mL	0.4 mol/L
1 mol/L Tris-HCl（pH=8.0）	1 mL	10 mmol/L
1 mol/L MgCl$_2$	1 mL	10 mmol/L
14.3 mol/L β-巯基乙醇	35 μL	5 mmol/L
0.2 mol/L PMSF	50 μL	0.1 mmol/L
ddH$_2$O	至 100 mL	

注：PMSF 水性溶液一定要新鲜配制，其在水相中的半衰期约为 30 min，因此使用时才加 PMSF 母液。

②提取缓冲液 2（Extraction buffer 2）：

组分	用量	终浓度
2 mol/L 蔗糖	1.25 mL	0.25 mol/L
1 mol/L Tris-HCl（pH=8.0）	100 μL	10 mmol/L
1 mol/L MgCl$_2$	100 μL	10 mmol/L
20% Triton X-100	0.5 mL	1%
14.3 mol/L β-巯基乙醇	3.5 μL	5 mmol/L
0.2 mol/L PMSF	5 μL	0.1 mmol/L
ddH$_2$O	至 10 mL	

注：PMSF 水性溶液一定要新鲜配制，其在水相中的半衰期约为 30 min，因此使用时才加 PMSF 母液。

③提取缓冲液 3（Extraction buffer 3）：

组分	用量	终浓度
2 mol/L 蔗糖	8.5 mL	1.7 mol/L
1 mol/L Tris-HCl（pH=8.0）	100 μL	10 mmol/L
1 mol/L MgCl$_2$	20 μL	2 mmol/L
20% Triton X-100	75 μL	0.15 %
14.3 mol/L β-巯基乙醇	3.5 μL	5 mmol/L
0.2 mol/L PMSF	5 μL	0.1 mmol/L
ddH$_2$O	至 10 mL	

④细胞核裂解缓冲液(Nuclei lysis buffer):

组分	用量	终浓度
1 mol/L Tris-HCl(pH=8.0)	0.5 mL	50 mmol/L
0.5 mol/L EDTA	200 μL	10 mmol/L
20% SDS	0.5 mL	1%
0.2 mol/L PMSF	5 μL	0.1 mmol/L
ddH$_2$O	至 10 mL	

⑤ChIP 稀释缓冲液(ChIP dilution buffer):

组分	用量	终浓度
20% Triton X-100	1.1 mL	1.1%
0.5 mol/L EDTA	48 μL	1.2 mmol/L
1 mol/L Tris-HCl(pH 8.0)	334 μL	16.7 mmol/L
5 mol/L NaCl	668 μL	167 mmol/L
ddH$_2$O	至 20 mL	

⑥低盐清洗缓冲液(Low salt wash buffer):

组分	用量	终浓度
5 mol/L NaCl	1.5 mL	150 mmol/L
20% SDS	0.25 mL	0.1%
20% Triton X-100	2.5 mL	1%
0.5 mol/L EDTA	200 μL	2 mmol/L
1 mol/L Tris-HCl(pH=8.0)	1 mL	20 mmol/L
ddH$_2$O	至 50 mL	

⑦高盐清洗缓冲液(High salt wash buffer):

组分	用量	终浓度
5 mol/L NaCl	5 mL	500 mmol/L
20% SDS	0.25 mL	0.1%
20% Triton X-100	2.5 mL	1%
0.5 mol/L EDTA	200 μL	2 mmol/L
1 mol/L Tris-HCl(pH=8.0)	1 mL	20 mmol/L
ddH$_2$O	至 50 mL	

⑧LiCl 清洗缓冲液（LiCl wash buffer）：

组分	用量	终浓度
4 mol/L LiCl	3.125 mL	0.25 mmol/L
20%乙基苯基聚乙二醇	2.5 mL	1%
脱氧胆酸钠	0.5 g	1%
0.5 mol/L EDTA	100 μL	1 mmol/L
1 mol/L Tris-HCl（pH=8.0）	0.5 mL	10 mmol/L
ddH$_2$O	至 50 mL	

配好后用 0.45 μm 过滤器过滤。

⑨TE 缓冲液（TE buffer）：

组分	用量	终浓度
1 mol/L Tris-HCl（pH=8.0）	0.5 mL	10 mmol/L
0.5 mol/L EDTA	100 μL	1 mmol/L
ddH$_2$O	至 50 mL	

⑩洗脱缓冲液（elution buffer）：

组分	用量	终浓度
20% SDS	1 mL	1%
NaHCO$_3$	0.168 g	1 mmol/L
ddH$_2$O	至 20 mL	

注：NaHCO$_3$ 不稳定，使用时新鲜配制，并用 0.45 μm 滤器过滤，在室温下存放。

（3）其他试剂。Miracloth、蛋白 A/G 琼脂糖纯化树脂（protein A/G agarose resin）、GFP 抗体、Rabbit IgG、RNase 酶、蛋白酶 K、Protease Inhibitor Cocktail、肝糖原。

四、实验方法步骤

1. 染色质交联及制备：

（1）取 0.8～1 g 水稻样品放入 50 mL 离心管里，用 40 mL ddH$_2$O 清洗材料 2 次，除净残土并尽可能去掉多余的水。液氮预冷研钵，将水稻材料放入研钵中加液氮研磨，研磨成粉末。

注：残土会与沉淀在一起，对结果有影响。

（2）用预冷的药匙将粉末加入 20 mL 装有冰上预冷的 Extraction buffer 1+1%甲醛的离心管中，4 ℃缓慢转动 20 min。

（3）用 4 层 miracloth 将粉末匀浆过滤到一个新的冰上预冷的 50 mL 离心管中，加入 1.25

mL 2 mol/L Glycine 终止交联。

(4)4 000 r/min,4 ℃离心20 min。小心倾去上清液,加入1 mL Extraction buffer 2(4 ℃),用移液器吸打重悬沉淀并转移到1.5 mL 离心管中,冰上放置5~10 min。

(5)13 000 r/min,4 ℃离心10 min。(如果材料的颜色还比较绿,可以再重复洗一次)。小心倾去上清液,然后加入300 μL Extraction buffer 3(4 ℃),用移液器吸打重悬沉淀。

(6)在一新的1.5 mL 离心管中加入300 μL 的 Extraction buffer 3,用移液器小心地将300 μL 重悬液加入到上层。

(7)13 000 r/min,4 ℃离心1 h[同时准备10 mL nuclei lysis buffer(使用前加 SDS)和20 mL ChIP dilution buffer,进行预冷]。

(8)移去上清液及白色沉淀上面的褐色覆盖物,用1 mL 预冷的 nuclei lysis buffer(4 ℃)重悬沉淀(使用前每1 mL nuclei lysis buffer 需加10 μL 100×Protease Inhibitor Cocktail),枪头吸打振荡。取出10 μL 放入1.5 mL 离心管中作为未超声对照(与超声后的样品进行琼脂糖凝胶电泳检测超声效率)。

注意:重悬沉淀时,一定要选用小的 tip 头(200 μL),在液面下吹打,否则很容易产生气泡,影响后面的超声波降解。

(9)用小探头进行超声处理(10%功率,9.9 s 开,9.9 s 关),每三次超声间隔冰上放置1 min;每超声10次取出10 μL 样品至1.5 mL 离心管,放冰上保存。

注意:超声会产生大量的热,持续保持低温,注意不要产生泡沫。一般来说,在超声过程中会损失20~40 μL 的样品,对后续的实验影响不大,但是要尽量减少这些损失。

(10)将步骤(9)中取出的各个10 μL 样品分别13 000 r/min,4 ℃离心10 min,取上清液到一新的1.5 mL 离心管中。加1 μL RNAase 酶,37 ℃孵育10 min 后,再加1 μL 5 mol/L NaCl 和1 μL 蛋白酶 K,65 ℃孵育2 h 以上。随后加入2 倍体积无水乙醇,将样品于-80 ℃冻存30 min 以上,13 000 r/min,4 ℃离心10 min,弃上清液,用10 μL ddH$_2$O 溶解 DNA。

(11)用2%琼脂糖凝胶检测各个样品的超声效果,根据结果后决定最佳超声次数。

(12)按最佳超声次数破碎样品后,13 000 r/min,4 ℃离心10 min,取上清液即为后续实验所用的染色质溶液,-80 ℃保存。

2. 预纯化和免疫沉淀:

(1)分别取150 μL 染色质溶液加入2 个离心管中,每管加入1 350 μL 的 ChIP dilution buffer,各取出稀释好的100 μL 染色质溶液保存在-20 ℃,作为 input 对照。

(2)2 个离心管中分别加入40 μL 蛋白 A/G 琼脂糖纯化树脂,4 ℃,旋转孵育1 h。

注意:此步骤的目的是减少蛋白 A/G 琼脂糖纯化树脂和目的蛋白或目的 DNA 序列的非特异性结合。

(3)13 000 r/min,4 ℃离心30 s,分别取上清液1 mL 加入2 个新离心管。

(4)向一支离心管中加入10 μL 抗体(如 GFP-tag polyclonal antibody),另一管加10 μL 的 Rabbit IgG,作为 IgG 对照。

(5)于4 ℃旋转过夜孵育。

3. 免疫复合物的收集、清洗和溶出:

(1)向新的离心管中加入40 μL 蛋白 A/G 琼脂糖纯化树脂。

(2)将孵育过夜的染色质溶液分别加入到装有蛋白 A/G 琼脂糖纯化树脂的离心管中,

4 ℃旋转混匀仪孵育 3 h。

（3）4 ℃,700～1 000 r/min 离心 1 min。小心去除上清液,切勿触及沉淀。

（4）加入 1 mL 低盐清洗缓冲液至离心管中,4 ℃缓慢摆动 5 min 后,4 ℃,700～1 000 r/min 离心 1 min,弃上清液。

（5）加入 1 mL 高盐清洗缓冲液至离心管中,4 ℃缓慢摆动 5 min 后,4 ℃,700～1 000 r/min 离心 1 min,弃上清液。

（6）加入 1 mL LiCl 清洗缓冲液至离心管中,4 ℃缓慢摆动 5 min 后,4 ℃,700～1 000 r/min 离心 1 min,弃上清液。

（7）加入 1 mL TE 缓冲液至离心管中,4 ℃缓慢摆动 5 min 后,4 ℃,700～1 000 r/min 离心 1 min,弃上清液。重复一次。

（8）加入 250 μL 洗脱缓冲液(新鲜配制且已于 65 ℃预热)洗涤免疫沉淀复合物,短暂涡旋混匀,65 ℃孵育 15 min,其间每 2 min 摇晃一次。4 ℃,13 000 r/min 离心 1 min,吸取上清液到一新的离心管中。

（9）重复上一步骤再洗涤一次,将两次的洗脱产物(约 500 μL)混匀。

（10）取出上述预纯化及免疫沉淀过程中保存的 100 μL Input 对照染色质溶液,加入 400 μL 洗脱缓冲液,用于后续实验。

4. 解交联反应。向样品管中加入 20 μL 5 mol/L NaCl(NaCl 终浓度为 200 mmol/L),混匀,并在离心管盖封上封口膜,65 ℃孵育过夜。此步骤完成后可以继续进行后续步骤,也可以于 −20 ℃冻存。

5. DNA 的纯化:

（1）每管加入 10 μL 0.5 mol/L EDTA,20 μL 1 mol/L Tris-HCl (pH=6.5)和 1 μL 20 mg/mL 蛋白酶 K,45 ℃孵育 1 h。

（2）加入与样品等体积的苯酚/氯仿(1∶1)进行抽提,13 000 r/min,4 ℃离心 15 min,将上清液转移到 2 mL 反应管中。

（3）加入 1/10 体积的 3 mol/L NaAC (pH=5.2)、3 倍体积无水乙醇和 4 μL 10 mg/mL 肝糖原,混匀后置于 −80 ℃沉淀 3～5 h,或 −20 ℃沉淀 8 h 以上。

（4）13 000 r/min,4 ℃离心 15 min,弃去上清液,加入 1 mL 70% 乙醇清洗,重新离心,弃去上清液,真空干燥沉淀 10 min。

（5）用 50 μL 10 mmol/L Tris-HCl (pH=7.5)或 ddH$_2$O 溶解样品管中的 DNA(IP DNA 和 Input DNA),用于后续 qPCR 反应。

6. DNA 的鉴定(qPCR 检测)。根据要检测基因启动子序列,至少设计一对引物进行 Real-time PCR 来反复验证 ChIP 实验的结果。用于 PCR 的引物最好能设计 2 组,可以用 Input 作为模板预先摸索出相应的 PCR 条件,并选择一组效果较好的引物用于最终的 PCR 检测。

注:ChIP-qPCR 引物设计方法和原则:

①TF 结合的区域通常是启动子,UTR 这些 A/T 比例比较高的区域,因而如果设计出来的引物 Tm 值略低,也是正常的,只要可以保证引物的特异性,不必强求退火温度比 Tm 低 5 ℃。

②qPCR 的产物长度一般不要太长,80～150 bp 就可以,因为在 ChIP 实验中染色质被片段化,PCR 扩增的片段越长,这段 DNA 被打断的可能性就越大,丢失的信息也就越多。

③在使用 ChIP 样品前,先用 genomic DNA 做个 qPCR 来检验引物的效率和特异性(如果

不能从文献里找到所需要的信息,可以通过已发表的 ChIP-Seq 的数据来设计)。

五、注意事项

1. 由于提取缓冲液 3 比较黏稠,重悬比较困难,可先加少量提取缓冲液 3,细微振荡有助于重悬,但应避免产生气泡或泡沫,最后把剩余的缓冲液全加进去。

2. 一抗的用量可以参考抗体的说明书。不同厂家的抗体稀释比例不一样,而且效率不一样,当遇到瓶颈时可换抗体尝试。如果抗体的说明中未给出用于 ChIP 的稀释比例,可以参考普通的免疫沉淀的稀释比例。可以从 1∶200 的一抗浓度开始摸索。

3. 实验过程要注意温度的控制,特别超声的时候需要低温进行,以及注意超声间隔时间和总时间,避免因为长时间超声导致样品碳化,或者时间不足影响超声效率,可根据样品自身状态灵活调整。

4. DNA 片段化后,在进行免疫沉淀前,需要取一部分断裂后的染色质做 Input 对照(不进行免疫沉淀过程)。Input 是断裂后的基因组 DNA,需要与沉淀后的样品 DNA 一起经过逆转交联,DNA 纯化,以及最后的 PCR 或其他方法检测。通过后续数据分析,我们可以通过 Input 对照排除背景噪声(排除因本底表达水平高或一些非特异性结合所造成的假阳性 peaks),验证染色体断裂的效果和整个实验中 IP 效果,所以 Input 对照是 ChIP-qPCR 实验中必不可少的步骤。

5. 关于 Protein A 和 Protein G 的 beads 选择,Protein A 微珠与兔多克隆抗体表现出最高的亲和力,而 Protein G 微珠与更广范围的抗体结合,包括大多数但并非全部种类的小鼠单克隆 IgG。当前还有一种 ProteinA/G 混合型磁珠,能够为免疫沉淀提供最大的灵活性,综合了 Protein A 和 Protein G 的结合特性,不用考虑不同种属 IgG 亲和力差异。此外,Protein A/G 混合物通常比单独使用 Protein A 或 Protein G 富集的倍数更高,产生的背景更低。因此在免疫沉淀时建议使用 Protein A/G 混合型磁珠。此外,Protein A/G 琼脂糖纯化树脂使用前一定要充分颠倒若干次,使琼脂糖珠混合均匀。

六、思考题

1. ChIP 技术有哪些应用?
2. 做 ChIP 实验必须用甲醛固定吗?
3. 过度交联会导致什么后果?
4. 如何设计 qPCR 引物?
5. 如何确定 ChIP 超声波的最佳条件?

七、参考文献

[1] DAS P M, RAMACHANDRAN K, VANWERT J, et al. Chromatin immunoprecipitation assay [J]. BioTechniques,2004,37(6):961-969.

第七章

蛋白质-蛋白质相互作用分析

实验 7-1 酵母双杂交

1986 年,Keegan 等分离出酵母中转录激活因子 GAL4 的 DNA 结合域(DNA binding domain, BD),Johnston 等鉴定出 GAL4 蛋白的激活功能域(activation domain,AD)。研究表明,这两个结构域既可独立存在并发挥各自的功能,又可重建成一个具有完整功能的 GAL4 蛋白。受这些发现启发,1989 年,Fields 和 Song 利用转录因子 GAL4 的模块化特性来检测蛋白质之间的相互作用,建立了较为完善的酵母双杂交系统。目前,该方法已广泛用于蛋白质间相互作用的探究。

一、实验原理

在酵母双杂交系统中,将"诱饵"(bait)蛋白 X 与 BD 融合构建成诱饵质粒,将"猎物"(prey)蛋白(待测试蛋白 Y)与 AD 融合构建成猎物质粒,将这两个质粒共转化到包含有 BD 结构域可以识别并结合的启动子 DNA 序列和报告基因质粒的酵母菌中,当 BD-X 和 AD-Y 融合蛋白表达后,如果 X 和 Y 蛋白之间没有相互作用,BD 和 AD 就不会充分接近重建为具有转录激活作用的转录因子,报告基因也就不能被激活和表达;反之如果 X 和 Y 蛋白在酵母内有相互作用,就会引导 BD 和 AD 靠近并形成一定的空间结构,使得转录因子重建并发挥转录激活作用,下游报告基因(抗性筛选、蓝白斑筛选、营养缺陷型筛选等)也就被激活并进行表达。因此,bait 和 prey 是否发生相互作用,可通过报告基因的激活表达与否进行检测。

酵母双杂交原理示意图如图 7.1 所示。

二、实验目的

1. 掌握酵母双杂交实验的基本原理和实验步骤。
2. 了解酵母双杂交实验相关操作中的注意事项。

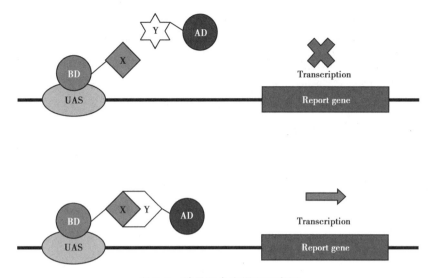

图 7.1 酵母双杂交原理示意图

三、实验材料、仪器、试剂

1. 实验材料:大肠杆菌 DH5α 菌株,酵母 Y2H-Gold 菌株,质粒 pGADT7、pGBKT7、pGBKT7-53(阳性对照质粒、能编码鼠 p53 蛋白和 GAL4 DNA-BD 的融合蛋白)、pGADT7-T(编码 SV40 大 T 抗原和 GAL4 DNA-AD 的融合蛋白)、pGBKT7-Lam(阴性对照质粒,能编码人 Lamin C 蛋白和 GAL4 DNA-BD 的融合蛋白),灭菌枪头,灭菌 1.5 mL、15 mL、50 mL 离心管,锥形瓶,平板,涂布棒。pGADT7 与 pGBKT7 质粒图谱如图 7.2 所示。

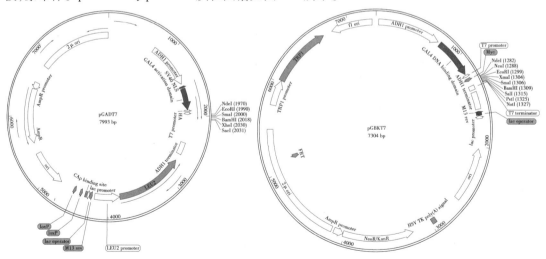

图 7.2 pGADT7 与 pGBKT7 质粒图谱

2. 实验仪器:30 ℃/37 ℃恒温培养箱、超净工作台、恒温摇床、水浴锅、移液器等。

3. 实验试剂:PCR Mix 酶、Solution Ⅰ连接酶、Nuclease-free 水、质粒提取试剂盒、胶回收试剂盒等。L-色氨酸、L-亮氨酸、腺苷酸(adenine)、10×TE buffer、10×LiAc(1 mol/L)、50% PEG4000、NaCl 溶液(0.9%)、限制性核酸内切酶、鲑鱼精 DNA(Carrier DNA)、DMSO(二甲基亚砜)、X-α-Gal、氨苄青霉素(Amp)、卡那霉素(Kan)、SD/-Trp/-Leu、SD/-Trp/-Leu/-His/-Ade、LB 培养基、YPDA 培养基。部分酵母转化相关试剂及培养基配制参考实验 6-1。

其他试剂及培养基配制方法如下:

(1)20×Trp(50 mL):称取 L-Tryptophan 20 mg 溶于 50 mL ddH$_2$O 中,4 ℃ 低温保存;

(2)10×Dropout Solution(-Trp/-Leu):

组分	用量/(mg·L^{-1})
L-Valine	1 500
L-Uracil	200
L-Tyrosine	300
L-Threonine	2 000
L-Phenylalanine	500
L-Methionine	200
L-Lysine HCl	300
L-Isoleucine	300
L-Histidine HCl monohydrate	200
L-Arginine HCl	200
L-Adenine hemisulfate salt	200

(3)10×Dropout Solution(-Trp/-Leu/-His/-Ade):

组分	用量/(mg·L^{-1})
L-Valine	1 500
L-Uracil	200
L-Tyrosine	300
L-Threonine	2 000
L-Phenylalanine	500
L-Methionine	200
L-Lysine HCl	300
L-Isoleucine	300
L-Arginine HCl	200

（4）冻存培养基：

组分	用量/mL
YPDA 液体培养基	100
80% 灭菌甘油	45.5

（5）SD/-Trp：

组分	用量
10×Dropout Solution(-Trp/-Leu)	100 mL
YNB(without amino acids)	6.7 g/L
20×Leu	50 mL
Glucose	20 g/L
Agar	20 g/L

用蒸馏水定容至 1 L,1 mol/L HCl 调节 pH 值为 5.8,121 ℃,高压蒸汽灭菌 15 min。

（6）SD/-Leu：

组分	用量
10×Dropout Solution(-Trp/-Leu)	100 mL
YNB(without amino acids)	6.7 g/L
20×Trp	50 mL
Glucose	20 g/L
Agar	20 g/L

用蒸馏水定容至 1 L,1 mol/L HCl 调节 pH 值为 5.8,121 ℃,高压蒸汽灭菌 15 min。

（7）SD/-Trp/-Leu(DDO)：

组分	用量
10×Dropout Solution(-Trp/-Leu)	100 mL
YNB(without amino acids)	6.7 g/L
Glucose	20 g/L
Agar	20 g/L

用蒸馏水定容至 1 L,1 mol/L HCl 调节 pH 值为 5.8,121 ℃,高压蒸汽灭菌 15 min。

（8）SD/-Trp/-Leu/-His/-Ade(QDO)：

组分	用量
10×Dropout Solution(-Trp/-Leu/-His/-Ade)	100 mL
YNB(without amino acids)	6.7 g/L
Glucose	20 g/L
Agar	20 g/L

用蒸馏水定容至 1 L,1 mol/L HCl 调节 pH 值为 5.8,121 ℃,高压蒸汽灭菌 15 min。

四、实验方法步骤

1. 构建融合载体：

(1)设计引物,通过 PCR 扩增诱饵蛋白与猎物蛋白基因的 CDS 序列。

(2)纯化诱饵蛋白与猎物蛋白基因片段,分别与 pGBKT7 与 pGADT7 载体质粒同时进行双酶切(根据引物中的酶点选择相应的酶)。酶切体系和操作参考实验 1-11。

(3)酶切产物纯化后进行连接：诱饵蛋白-pGBKT7,猎物蛋白-pGADT7。该部分操作参考实验 1-6;

(4)连接产物转化大肠杆菌感受态并筛选阳性重组子。该部分操作参考实验 1-7—实验 1-9。

2. Y2H-Gold 菌株酵母感受态的制备：

(1)将冻存于-80 ℃超低温冰箱的 Y2H-Gold 菌株用接种环在 YPDA 固体培养基上划线培养,在 30 ℃培养箱中倒置培养 3 d 左右,直至长出单菌落。

(2)挑取酵母 Y2H 单菌落加入含有 3 mL YPDA 培养基的 15 mL 灭菌离心管中,30 ℃、200 r/min 振荡培养 12~16 h。

(3)取上述过夜培养的菌液 5 μL 加入 50 mL YPDA 液体培养基中,于 250 mL 三角瓶中,30 ℃、250 r/min 振荡培养 16 h,待菌液 OD_{600} 值在 0.15~0.3 时,停止培养。

(4)在超净台上,将 50 mL 培养菌液分装于两个新的灭菌的 50 mL 离心管中,700 r/min、室温离心 5 min,弃上清液后,以新鲜的 YPDA 培养基重悬到 100 mL YPDA 培养基中。

(5)30 ℃、200 r/min 继续振荡培养约 3~5 h,至菌液 OD_{600} 值为 0.4~0.5。

(6)将菌液分装于两个灭菌的 50 mL 离心管中,700 r/min、25 ℃离心 5 min,倒掉上清废液,以 25 mL 灭菌蒸馏水重悬菌体。

(7)25 ℃、700 r/min 离心 5 min;弃上清液,以 1.5mL 1×TE/LiAC 溶液重悬菌体。

(8)将菌体的重悬液分装于两个 1.5 mL 灭菌离心管中,瞬时高速离心 15 s;

(9)弃上清液,每管用 600 μL 1×TE/LiAC 溶液重悬,即为酵母的感受态细胞。

3. 酵母的转化：

按表 7.1 中的实验组合设置,将质粒混合后转化至酵母 Y2H-Gold 菌株的感受态细胞中。

表7.1 实验组合设置

序号	实验设置	AD 载体	用量/μL	BD 载体	用量/μL	培养基
1	实验组	pGADT7-猎物蛋白	4	pGBKT7-诱饵蛋白	4	SD/-Trp/-Leu
2	对照	pGADT7	4	pGBKT7-诱饵蛋白	4	SD/-Trp/-Leu
3	对照	pGADT7-猎物蛋白	4	pGBKT7	4	SD/-Trp/-Leu
4	阳性对照	pGADT7-T	4	pGBKT7-53	4	SD/-Trp/-Leu
5	阴性对照	pGADT7-T	4	pGBKT7-Lam	4	SD/-Trp/-Leu
6	空白对照	pGADT7	4	pGBKT7	4	SD/-Trp/-Leu

具体实验方法步骤如下：

（1）在冰上预冷的灭菌1.5 mL离心管中加入构建好的AD质粒与BD质粒,加入10 μL Carrier DNA、100 μL以1×TE/LiAc重悬的酵母感受态细胞,反复吹打混匀。

（2）加入600 μL PEG/LiAc,剧烈振荡混匀,以提高转化率,200 r/min、30 ℃振荡培养30 min。

（3）加入70 μL化学纯DMSO试剂液体,缓慢上下翻转混匀,42 ℃水浴孵育15 min,完成后迅速置于冰水浴中2 min。

（4）25 ℃、12 000 r/min离心5 s,尽量除去上清液,以1 mL 0.9% NaCl溶液重悬菌体。

（5）25 ℃、12 000 r/min离心10 s,除尽上清液。

（6）以0.1 mL 0.9%的NaCl溶液重悬酵母细胞,得到转化好的酵母细胞。

（7）将上述菌液涂布于SD/-Trp/-Leu培养基上。

（8）30 ℃、倒置培养3~5 d,长出单菌落。

4.菌落PCR验证。待培养基上长出单菌落后,挑取单菌落进行PCR反应,验证AD载体与BD载体是否同时转入酵母细胞内,所用引物及菌落PCR反应体系如下：

BD-5′: 5′ CCCAAGGGGGTTATGCTAGTTAT 3′

BD-3′:5′ GCATAGAATAAGTGCGACATCATC 3′

AD-3′:5′ TGGAATCACTACAGGGATGTTTAA 3′

AD-5′:5′ ACGATGCACAGTTGAAGTGAAC 3′

BD与AD验证的PCR体系参考实验1-3。

5.诱饵蛋白与猎物蛋白的互作解析以及诱饵蛋白自激活验证。

1）相互作用解析：

（1）将验证正确的菌落接种于含3 mL对应的SD液体培养基的灭菌15 mL离心管中,30 ℃、200 r/min条件下振荡培养20~24 h。

（2）在超净工作台内,将3 mL菌液分装于两个灭菌的1.5 mL离心管内,于25 ℃、7 000 r/min条件下收集目标菌体,弃尽上清液。

（3）以0.9% NaCl溶液重悬菌体,调节菌液OD$_{600}$值为1.0。

（4）将上述菌液以0.9% NaCl溶液按1:10及1:100梯度稀释。

（5）移液枪吸取5 μL点于各固体培养基表面(培养皿表面已提前划分区域),即SD/-Trp-

Leu 以及 SD/-Trp-Leu-Ade-His+X-α-Gal 固体培养基如图 7.3 所示。

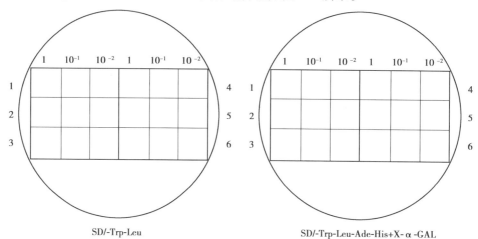

图 7.3　各实验组合分布示意图(其中 1 为 OD$_{600}$=1 的菌液,10^{-1} 及 10^{-2} 为 1∶10 及 1∶100 稀释后的菌液)

(6)30 ℃倒置培养 3~5 d 长出菌落,观察颜色变化,并进行实验结果判断:阳性对照表达出的鼠 p53 蛋白和 SV40 大 T 抗原在酵母中可以互作,阴性对照表达出的人 LaminC 蛋白和 SV40 大 T 抗原在酵母中不能互作。表 7.1 中各组合都可在 SD/-Trp-Leu 上生长,如果只有实验组和阳性对照组能在 SD/-Trp-Leu-Ade-His+X-α-Gal 固体培养基上生长并呈蓝色,可以判断诱饵蛋白与猎物蛋白具有相互作用。

2)自激活检测。一般情况下,单独的 BD 可以与 GAI4 上游活化序列(GALUAS)结合,但不能引起转录。然而,将一段具有转录激活活性的转录因子基因构建到 BD 载体上,若其表达产生的转录因子-BD 融合蛋白与 UAS 结合并引起下游报告基因的转录,那么就称之为酵母双杂中的自激活现象。反过来,可以利用这种自激活现象来验证某个转录因子是否具有转录激活活性。

如果 pGADT7+pGBKT7-诱饵蛋白可以同时在 SD/-Trp-Leu 以及 SD/-Trp-Leu-Ade-His+X-α-Gal 上生长,则表明该诱饵蛋白具有自激活现象。

五、注意事项

1.制备的酵母感受态细胞要立即使用。

2.诱饵蛋白与猎物蛋白须同时与 AD 载体及 BD 载体构建融合表达载体,如果诱饵蛋白具有自激活现象,则可以使用诱饵蛋白位于 AD 载体上而猎物蛋白位于 BD 载体上的组合进行相互作用的研究。需要注意的是,连接到 BD 载体上的蛋白都需要进行自激活现象的检测。

3.在确定自激活区域的时候,可以进行截断实验,根据蛋白结构域将编码区分为不同的区段,在保证密码子不移位的情况下分段连接于 BD 载体上构建不同的载体进行自激活验证,从而确定自激活区段。

六、思考题

1. 为什么要进行诱饵蛋白的自激活实验?
2. 为什么酵母感受态细胞制备好后要立即使用?
3. 酵母双杂交系统有什么优势和局限性?

七、参考文献

[1] KEEGAN L,GILL G,PTASHNE M. Separation of DNA binding from the transcription-activating function of a eukaryotic regulatory protein[J]. Science. 1986,231(4739):699-704.

[2] JOHNSTON S A,ZAVORTINK M J,DEBOUCK C,et al. Functional domains of the yeast regulatory protein GAL4[J]. Proceedings of the National Academy of Sciences of the United States of America, 1986, 83(17):6553-6557.

[3] FIELDS S,SONG O. A novel genetic system to detect protein-protein interactions [J]. Nature, 1989,340(6230):245-246.

[4] OH E,ZHU J Y,WANG Z Y. Interaction between BZR1 and PIF4 integrates brassinosteroid and environmental responses[J]. Nature Cell Biology,2012,14(8):802-809.

实验 7-2 双分子荧光互补

2002 年,Hu 等发现,将 GFP 从 155 或 172 位点断开,形成的氨基端与羧基端分别与两个可以相互作用的蛋白质相连形成融合蛋白,并在活细胞内共表达,这两个已知蛋白的相互作用可以使 GFP 氨基端与羧基末端重新形成正确的空间折叠并保留荧光特性,这一现象被称为双分子荧光互补(bimolecular fluorescence complementation,BiFC),之后在此基础上开发了双分子荧光互补实验技术。目前,双分子荧光互补技术已成为一种较为直观、快速地判断目标蛋白在原生质体或烟草中能否相互作用的方法。

一、实验原理

将荧光蛋白在某些特定的位点切开,形成不发荧光的 N 端和 C 端 2 个多肽片段,称为 N 片段(N-fragment)和 C 片段(C-fragment)。这 2 个片段在细胞内共表达或体外混合时,不能自发地组装成完整的荧光蛋白,在该荧光蛋白的激发光激发时不能产生荧光。但是,当这个荧光蛋白的 N 片段和 C 片段分别连接到 1 组有相互作用的目标蛋白上,在细胞内共表达或体外混合这 2 个融合蛋白时,由于目标蛋白质的相互作用,荧光蛋白的 2 个片段在空间上互相靠近,重新构建成完整的具有活性的荧光蛋白分子,并在该荧光蛋白的激发光激发下发射荧光。简言之,如果目标蛋白质之间有相互作用,则在激发光的激发下产生该荧光蛋白的荧光。反之,若目标蛋白质之间没有相互作用,则不能被激发产生荧光。BiFC 实验原理示意如图 7.4 所示。

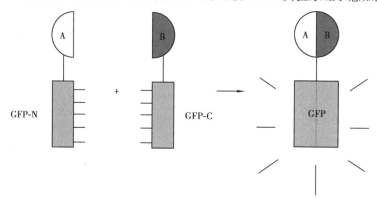

图 7.4　BiFC 实验原理图示

二、实验目的

1. 利用双分子荧光互补技术研究目标蛋白间是否具有相互作用。
2. 掌握双分子荧光互补实验的操作步骤。

三、实验材料、仪器、试剂

1. 实验材料:3~4 周苗龄的本氏烟草、大肠杆菌 DH5α 菌株、GV3101 菌株、pGFP-C 大肠杆菌菌株、pGFP-N 大肠杆菌菌株、HY5-RFP 核定位信号农杆菌菌株、1.5 mL EP 管、2 mL EP 管、RNA-Free 枪头、记号笔、冰盒、培养皿、剪刀、注射器、载玻片、盖玻片、镊子、锡箔、光盘等。

2. 实验仪器:光照培养箱、离心机、高压灭菌锅、PCR 仪、28 ℃/37 ℃恒温培养箱、水浴锅、制冰机、超净工作台、金属浴、摇床、微量移液枪、电泳仪、紫外分光光度计、激光共聚焦显微镜。

3. 实验试剂:LB 培养基、YEB 培养基、BiFC 工作液、限制性内切酶及酶切缓冲液、纯化试剂盒、质粒提取试剂盒、DAPI 染液、0.9% 生理盐水、乙酰丁香酮溶液、$MgCl_2$ 溶液、MES 溶液。

其中,BiFC 工作液:

组分	用量
0.5 mol/L MES	1 mL
20 mmol/L $MgCl_2$	1 mL
D-葡萄糖	50 mg
1 mol/L 乙酰丁香酮	1 μL
H_2O	补齐至 10 mL

四、实验方法步骤

1. 烟草种植。在 14 h 光照/10 h 黑暗、温度 25 ℃、相对湿度 70% 条件下培养本氏烟草 4 ~ 5 周。

2. 构建融合载体和农杆菌转化。从 NCBI 在线数据库分别获得两个目标基因的 CDS 序列，在去除终止密码子的情况下设计特异性引物进行 PCR 扩增，获得目标基因序列，经过酶切、连接形成 pGFP-N-A 和 pGFP-C-B 融合表达载体，然后转化大肠杆菌，测序正确的阳性转化子再转入 GV3101 农杆菌中。载体构建与农杆菌的转化参考实验 1-6 及实验 3-1、实验 3-2。

3. 注射烟草：

(1) 将农杆菌在 YEB(50 μg/mL Rif+50 μg/mL Kan)固体培养基上划线，倒置培养 2 ~ 3 d，挑取单菌落于 3 mL YEB(50 μg/mL Rif+50 μg/mL Kan)液体培养基，过夜培养，然后吸取 1 mL 菌液至 25 mL YEB(50 μg/mL Rif+50 μg/mL Kan)培养基中扩大培养至农杆菌的生长对数期(OD_{600}=0.4 ~ 0.5 或 0.5 ~ 0.6)(注：农杆菌需经过两次活化，以确保农杆菌的活性，提高侵染效率)。

(2) 将农杆菌菌液用 2 mL EP 管分装后 3 000 r/min 离心 10 min(4 ℃或者室温均可)，去上清液(尽可能清除干净)，富集菌体。加入工作液，用紫外分光光度计检测菌液的 OD_{600}(终 OD 至 1.0 左右)，等体积混合两种含有不同质粒的菌，同时加入等体积的 HY5-RFP 农杆菌菌液。室温静置 3 h(至少 2 h，不超过 4 h)。

(3) 利用 1 mL 的无针注射器贴于烟草下表皮进行注射(注射烟草前保持烟草湿润、并处于光照下，以避免气孔关闭，不易注射。注射叶片选取中上层较大的嫩叶，因为其转化效率高)，注射时食指压着叶片的正面轻轻地堵住注射口，以免菌液流出，避免用力过大对叶片造成过度损伤，用记号笔圈出注射范围。注射完后，将烟草置于空盘中，并浇上适量的水，将注射完成的烟草植株黑暗培养过夜，然后转移至正常光照培养 48 ~ 72 h，即可观察。

4. 观察荧光。取标记的农杆菌注射的烟草叶片，放在载玻片上(烟草下表皮朝上)，加一滴生理盐水，盖上盖玻片，在正置激光共聚焦显微镜下观察，并拍照。

五、注意事项

1. 切取的烟草叶片样品最好立即观察，时间长了细胞容易干，导致形态发生改变。

2. 此类实验方法可能存在假阳性，所以要设置适当数量的阳性对照或阴性对照，尤其是阴性对照，才能得到真实可靠的实验结果。当然该实验结果需要和其他实验如酵母双杂交等结果进行比较，以便进一步验证两个蛋白之间的互作。

3. 通风处、暗培养过夜，然后取出放置于光照培养箱进行光照培养 48 ~ 72 h，待叶片恢复正常后立即观察荧光，瞬时表达时间过久，荧光容易降解。

4. MES 与 $MgCl_2$ 溶液容易染菌，染菌后需要重新配制母液。乙酰丁香酮溶解后分装，尽可能避免反复冻融。注射工作液需要现配现用。

六、思考题

1. 烟草叶片的生长状态对实验结果有什么影响？一般选取什么样的烟草叶片？
2. 注射烟草的菌液活性和浓度对实验结果有什么影响？
3. BiFC 实验有何优势和局限性？

七、参考文献

[1] HU C D, CHINENOV Y, KERPPOLA T K. Visualization of interactions among bZIP and rel family proteins in living cells using bimolecular fluorescence complementation. [J]. Molecular Cell, 2002, 9(4):789-798.

实验 7-3　GST pull-down 实验

GST pull-down 实验是一种有效的验证蛋白之间相互作用的体外实验技术，常用来验证酵母双杂交系统或者他方法筛选到的互作蛋白。1988 年，Smith 和 Johnson 利用谷胱甘肽-S-转移酶(glutathione S-transferase, GST)融合标签纯化出 GST 融合蛋白。从此，GST 融合蛋白在蛋白质相互作用领域的研究得到极大推广。该方法简单易行，操作方便，不需要用到危险的同位素等物质，在蛋白质相互作用分析方面已得到广泛的应用。

一、实验原理

GST pull-down 技术是在 GST 融合蛋白的基础上发展起来的，其基本原理是利用重组技术将蛋白 A 与 GST、蛋白 B 与 His 标签进行融合，在完成融合蛋白的表达与纯化后，将 GST-A 通过 GST 纯化柱，使其结合在纯化柱上，之后将纯化后的 His-B 通过该纯化柱，以促进 GST-A 与 His-B 之间的结合；完成二者的结合之后将其从纯化柱上洗脱下来，通过 SDS-PAGE 及 Western blot 检测条带结果，从而鉴定二者的相互作用(图 7.5)。

二、实验目的

1. 了解并掌握 GST pull-down 实验方法的基本原理。
2. 利用 GST pull-down 技术体外检测蛋白间的互作。

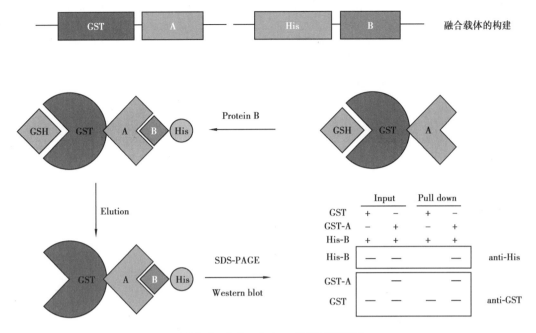

图 7.5　GST pull-down 实验原理图示

三、实验材料、仪器、试剂

1. 实验材料:原核表达载体 pGEX-4T-1 和 pET-32a(图 7.6)、大肠杆菌重组蛋白表达菌株 DE3、离心管、硝酸纤维素膜、0.45 μm 过滤器。

2. 实验仪器:凝胶电泳仪、成像仪、超声破碎仪、冷冻离心机、层析柱、灭菌锅、分光光度计、制冰机、转膜仪、蛋白显影仪、磁力搅拌器、控温摇床、金属浴、通风橱、电泳槽、移液枪。

3. 实验试剂:LB 液体培养基、异丙基-β-D-硫代半乳糖苷(IPTG)、苯甲基磺酰氟(PMSF)或其他蛋白酶抑制剂、抗生素、镍柱、SDS-PAGE 和 Western blot 所需试剂(参见第五章)。

(1)His 融合标签重组蛋白的纯化:His60 Ni Gravity Column Purification Kit(Equilibration Buffer,Wash Buffer,Elution Buffer,Regeneration Buffer),购买于 Takara。

(2)GST 融合标签重组蛋白的纯化:Pierce GST Spin Purification Kit(Equilibration/Wash Buffer,Regeneration Buffer 1,Regeneration Buffer 2),购买于 Thermo Scientific。

(3)结合缓冲液:20 mmol/L sodium phosphate,500 mmol/L sodium chloride。

(4)10×Glutathione:184 mg Glutathione 溶于 6 mL Equilibration/Wash Buffer。

(5)洗脱缓冲液:1 mL 10×Glutathione 加 9 mL Equilibration/Wash Buffer。

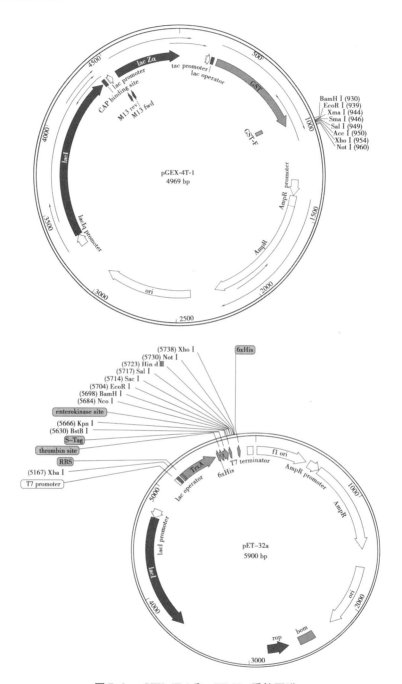

图 7.6　pGEX-4T-1 和 pET-32a 质粒图谱

四、实验方法步骤

1. 表达载体构建。采用 PCR 技术扩增 A 蛋白与 B 蛋白基因的 CDS 区域,利用双酶切反应以及 Solution Ⅰ 连接酶构建 GST-A 和 His-B 融合表达载体,经菌落 PCR 筛选获得阳性转化子并进行测序验证,获得构建成功的质粒。具体操作参见第一章。

2. 融合蛋白的诱导表达及纯化：

（1）在超净工作台里用移液器吸取少许单克隆菌液加入 10 mL 含有相应抗生素 LB 液体培养基中，置于 37 ℃、220 r/min 恒温摇床过夜培养。

（2）在超净工作台里吸取过夜培养后的菌液 3 mL 加入 300 mL 含有相应抗生素 LB 液体培养基中，置于 37 ℃、220 r/min 恒温摇床培养 1～3 h。

（3）培养时间根据菌液 OD_{600} 值确定，直至菌液的 OD_{600} 值达到 0.6～0.8 即可。

（4）向培养基中加入 1 mol/L IPTG，加入量根据菌液诱导的 IPTG 终浓度确定。

（5）加入 IPTG 后，根据菌液诱导温度及诱导时间进行培养。

（6）诱导完成后，4 ℃、8 000 r/min 离心 10 min，收集菌体。

（7）用 3 mL PBS 重悬菌体后加入 10 μL 0.2 mol/L PMSF 进行超声破碎，功率 35%，时间 5～10 min。

（8）4 ℃、8 000 r/min 离心 10 min，收集上清液。

（9）用 0.45 μm 灭菌针式过滤器过滤上清液后进行后续纯化。

3. 重组 GST 蛋白的纯化：

（1）轻轻颠倒混匀固化 Ni^{2+} 树脂，避免长时间放置导致结块。

（2）配制结合缓冲液和洗脱缓冲液。

（3）用 5 倍体积的结合缓冲液先平衡柱子。

（4）把平衡好的柱子固定的在悬浮架子上，加入 GST 标签的原核表达蛋白，盖好两端的盖子，将柱子置于冰箱中并旋转结合 2 h。

（5）将结合蛋白后的柱子再次固定在悬浮架子上，打开两端的盖子，使柱子中的菌液自由落体慢慢滴下。收集流出液，用于后续检测。

（6）加入洗杂缓冲液清洗柱子，将柱子再次固定在悬浮架子上，打开两端的盖子，使柱子中的菌液自由落体慢慢滴下。收集流出液，用分光光度计，对流出液中蛋白含量进行检测，当流出液中杂蛋白含量较低时，停止洗杂。

（7）柱子中加入 1 mL 洗脱缓冲液，收集洗脱液。洗脱 6 次，分别收集洗脱液。

4. His 重组蛋白的纯化：

（1）轻轻颠倒混匀固化 Ni^{2+} 树脂，避免长时间放置导致结块。

（2）取 2 mL 混匀后的 Ni^{2+} 树脂装入层析柱形成镍柱，加入时需沿壁慢慢加入，防止产生气泡。用 3 倍柱体积的无菌水冲洗树脂，以去除 Ni^{2+} 树脂中的乙醇。

（3）用 3 倍柱体积的结合缓冲液（pH=7.8）平衡树脂准备用于蛋白质的结合。

（4）将过滤后的蛋白上清液提取液加入镍柱中，加入的蛋白量取决于镍柱的承载能力，一般 1 mL Ni^{2+} 亲和树脂能结合约 8～12 mg 蛋白。

（5）蛋白和 Ni^{2+} 树脂在 4 ℃旋转结合 2 h 左右后，样品过柱，流出的蛋白收集后可再次上柱，以提高结合效率。

（6）用 6 倍柱体积结合缓冲液（pH=7.8）清洗镍柱。

（7）收集清洗液测定 A_{280}，清洗直至流出液 $A_{280}<0.01$。

（8）准备好干净的离心管，置于柱子下面的接口处。吸取 1mL 洗脱缓冲液（pH=6.0），洗脱镍柱。重复 6 次，每次分别收集洗脱液。

（9）将收集好的洗脱蛋白放置于-80 ℃进行保存。

5. GST 重组蛋白挂柱：

（1）将 GST 纯化柱从 4 ℃冰箱取出后打开下面的盖子，将 GST 纯化柱迅速放入 15 mL 离心管中,4 ℃、700 r/min 离心 2 min,去除储存缓冲液。

（2）盖紧 GST 纯化柱下面的盖子,加入 2 mL Equilibration/Wash Buffer 平衡 GST 纯化柱,混匀后打开下面的盖子,将 GST 纯化柱迅速放入 15 mL 离心管中,4 ℃、700 r/min 离心 2 min,弃缓冲液,重复 3 次。

（3）将适量 GST 重组蛋白加入到纯化柱中,固定在 4 ℃旋转混匀仪上孵育 1 h。

（4）4 ℃、700 r/min 离心 2 min,可将流出液体收集于离心管中保存,以便后续实验结果分析。

（5）加入 2 mL Equilibration/Wash Buffer 洗涤纯化柱,4 ℃、700 r/min 离心 2 min,收集离心管中的流出液,重复此步骤 5 次。

（6）将步骤(5)离心管中的流出液拿去测 280 nm 的吸光度,如有必要,进行额外的洗涤,直到吸光度接近基线,表明纯化柱已无杂蛋白残留。

6. His 重组蛋白加入 GST 纯化柱：

（1）加入 1 mL 结合缓冲液重悬洗杂完成的 GST 纯化柱,向实验组及对照组均加入等量纯化好的 His 重组蛋白。

（2）固定在 4 ℃旋转混匀仪上孵育 3 h。

（3）4 ℃、700 r/min 离心 2 min,可将流出液体收集于离心管中保存,以便后续实验结果分析。

（4）加入 2 mL Equilibration/Wash Buffer 洗涤 GST 纯化柱,4 ℃、700 r/min 离心 2 min,重复此步骤 5 次。

（5）加入 1 mL 洗脱缓冲液洗脱蛋白。

（6）-80 ℃保存。

7. SDS-PAGE 和 Western blot 检测：

（1）在 Bio-Rad 电泳槽中夹好 SDS-PAGE 蛋白胶,蛋白样品加入适量电泳缓冲液后放置在 95 ℃金属浴中煮 10 min,上样,设置浓缩胶电泳 80 V 跑胶约 20 min,分离胶电泳 100 V 跑胶约 1 h。

（2）电泳结束后,用起胶板在水中轻轻撬开玻璃板,去掉浓缩胶,保留分离胶于 1×转膜缓冲液中浸泡 5 min。

（3）将 PVDF 膜浸泡在甲醇中 5 min 后,转到 1×转膜缓冲液中浸泡 15 min。

（4）从负极板到正极板上依次放置海绵、3 层滤纸、分离胶、PVDF 膜、3 层滤纸、海绵夹紧后放入转膜槽中,置于冰上后设置 200 mA,转膜 90 min。

（5）转膜完成后取出 PVDF 膜,将样品面朝上放入 5% 脱脂奶粉中,缓慢摇床上封闭 2 ~ 3 h。

（6）封闭后将 PVDF 膜放入 GST Tag Monoclonal antibody：5% 脱脂奶粉 = 1∶5 000 混合液或 His-Tag Monoclonal antibody：5% 脱脂奶粉 = 1∶5 000 混合液中,摇床上缓慢孵育 1 h 后, 4 ℃静置 16 h。

(7)用 1×TBST 将 PVDF 膜洗 3 次,每次 10 min。

(8)将 PVDF 膜放入 HRP-conjugated Affinipure Goat Anti-Mouse IgG(H+L):5% 脱脂奶粉 = 1:5 000 混合液中,摇床上缓慢孵育 1 h。

(9)用 1×TBST 将 PVDF 膜洗 3 次,每次 10 min。

(10)避光向 PVDF 膜的表面加适量显影液,置于蛋白成像仪上查看显影结果。

五、注意事项

1. 为确保蛋白质跑出的条带整齐,结果可靠,需注意制胶均匀无气泡,玻璃板干净,胶要充分凝固,小心拔出梳子,以免使胶孔变形或破裂,造成加入样本后渗入其他孔或漏出的后果。

2. 要确保抗体的特异性,最好选用单克隆抗体,以免发生污染。

3. 操作过程中添加蛋白酶抑制剂,最好全程在 4 ℃环境下操作,可缓解样品中蛋白降解的情况。

六、思考题

1. 影响 GST Pull-down 实验结果的因素有哪些?该如何解决?

2. GST Pull-down 实验结果出现假阳性的原因可能是什么?怎么解决?

七、参考文献

[1] SMITH D B,JOHNSON K S. Single-step purification of polypeptides expressed in *Escherichia coli* as fusions with glutathione S-transferase[J]. Gene, 1988,67(1):31-40.

实验 7-4 CoIP 实验

免疫共沉淀(Co-immunoprecipitation,Co-IP)是利用抗原与抗体之间的专一性作用为基础,是一种研究蛋白质与蛋白质之间相互作用的经典方法。免疫共沉淀可以检测两个已知蛋白之间的相互作用,或者利用已知蛋白寻找与之相互作用的未知蛋白。相较于其他分子间相互作用检测方法(GST pull-down 等),免疫共沉淀实验的优势在于蛋白的结合在细胞内完成,能够反映天然状态下的蛋白质相互作用,结果更加真实可靠。

一、实验原理

当细胞在非变性条件下被裂解时,完整细胞内存在的蛋白互作得以保持,当蛋白粗提物与能够识别目的蛋白的琼脂糖凝胶交联的标签抗体珠子(agarose-conjugated anti-TAG beads)一起孵育时,与目的蛋白在体内结合的互作蛋白也被沉淀下来。这里通常采用目的蛋白融合一个商业化的标签,通过特异识别标签抗体珠子来实现。使用较多的商业化标签主要有 HA(hemagglutinin)、Flag 或 c-Myc 肽段等。Co-IP 实验原理示意图如图 7.7 所示。

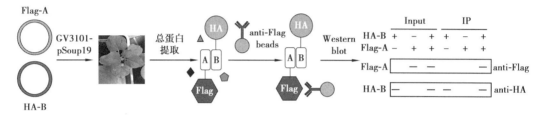

图 7.7　Co-IP 实验原理图示

二、实验目的

1. 掌握 Co-IP 实验的基本原理和实验步骤。
2. 了解 Co-IP 实验相关操作中的注意事项。

三、实验材料、仪器、试剂

1. 实验材料:3 ~ 4 周苗龄的本氏烟草(16 h 光照/8 h 黑暗,温度为 25 ℃)、大肠杆菌 DH5α 菌株、GV3101 菌株、1.5 mL EP 管、2 mL EP 管、RNase-Free 枪头、记号笔、培养皿、剪刀、注射器、锡箔纸、Miracloth 滤布等。

2. 实验仪器:控温摇床、微量分光光度计、微量离心机、台式离心机、水浴锅、静音混合器、免疫印迹设备等。

3. 实验试剂:商业化琼脂糖凝胶交联的标签抗体珠子、抗生素和 LB 培养基、苯甲基磺酰氟和蛋白酶抑制剂、MES、MgCl₂、乙酰丁香酮等。

(1)NB1 裂解提取液:

组分	终浓度/(mmol · L⁻¹)
Tris-MES(pH=8.0)	50
Sucrose	500
MgCl₂	1
EDTA	10

续表

组分	终浓度/(mmol · L^{-1})
DTT	5
PMSF	1
Cocktail	100×

（2）3×SDS 蛋白上样缓冲液：

组分	终浓度
Tris-HCl(pH=6.8)	167 mmol/L
Glycerin	33%(v/v)
Sodium dodecyl sulfate	6.6%(w/v)
Bromophenol blue	0.01%(w/v)
β-mercaptoethanol	7.5%(v/v)

（3）渗透缓冲液：

组分	终浓度/(mmol · L^{-1})
MES	10
MgCl$_2$	10
Acetyl syringone(AS)	0.2

四、实验方法步骤

1. 烟草的准备。转化前 1 d 将 4 周苗龄的烟草小苗转移至黑暗中培养,转化当天浇足水分,恢复光照,烟草的状态是决定瞬时表达成功与否的关键。

2. 融合表达载体的构建和农杆菌转化。pCAMBIA35S-4×Myc-3×Flag 和 pXCS-HAStrep 质粒图谱如图 7.8 所示。

设 A 蛋白为诱饵蛋白,B 蛋白为捕获蛋白,分别克隆二者的 CDS 区域,并利用双酶切以及 Solution Ⅰ进行片段与载体的构建 Flag-A 及 HA-B,转化大肠杆菌 DH5α 感受态,挑选阳性克隆并进行测序验证,获得目标质粒,进一步转化农杆菌 GV3101-pSoup19。载体构建详细步骤参考第 1 章,农杆菌转化详细步骤参考实验 3-1、实验 3-2。

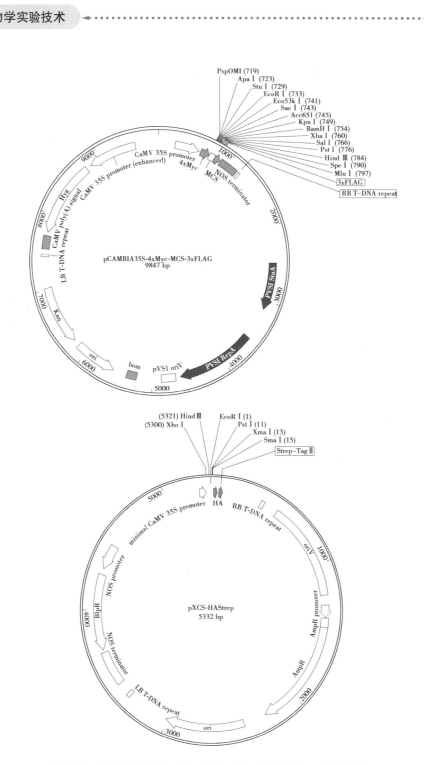

图 7.8　pCAMBIA35S-4×Myc-3×Flag 和 pXCS-HAStrep 质粒图谱

3.烟草叶片的瞬时表达。

（1）携带诱饵蛋白和捕获蛋白质粒的农杆菌培养。

（2）将农杆菌菌液于 3 200 r/min 离心 10 min,弃上清液。

（3）将离心后的菌体用渗透缓冲液重悬至 $OD_{600}=1$。

（4）将携带诱饵蛋白和捕获蛋白质粒的农杆菌重悬液等体积混合，以携带诱饵蛋白或捕获蛋白与空载体的组合作为对照。

（5）使用 1 mL 去掉针头的注射器将注射液注入平展的烟草叶片，每株最好注射 2 枚叶片，做好标记，勿重复使用注射器。

（6）分别于转化后 3 d 收取标记过的叶片，-80 ℃冻存。

4. 蛋白粗提液的准备：

（1）取冻存的烟草叶片在液氮预冷的研钵中充分研磨，称取 2 g 粉末置于液氮速冻过的 10 mL 离心管中。

（2）加入 1.5~2 mL NB1 裂解液重悬，（含终浓度为 1 mmol/L 的 PMSF，现用现加），并用振荡器充分混匀。

（3）置于冰水混合物中低温反应 30 min，并预冷台式离心机。

（4）离心条件：温度 4 ℃、时间 40 min、转速 13 000 r/min。

（5）缓慢吸取上清液，用双层 Miracloth 滤布过滤上清，并测定每个蛋白粗提液的浓度。

5. Immunoprecipitation（IP）：

（1）移液器分别吸取 20 μL 琼脂糖凝胶交联的标签抗体珠子加入装有各自蛋白粗提液的 10 mL 离心管中，并将其置于静音混合器上，温和旋转孵育 2~3 h。

（2）1 000 r/min 离心 5 min，弃上清液。

（3）取 1 mL 裂解液重悬珠子，并将其转移至 1.5 mL EP 管中。

（4）静音混合器上温和旋转孵育 5 min。

（5）1 000 r/min 离心 5 min，弃上清液。

（6）用 1 mL 裂解提取液清洗珠子，再次旋转孵育 5 min。

（7）1 000 r/min 离心 5 min，弃上清液。

（8）重复步骤（6）和（7）至少 3 次。

（9）加入适量 1×SDS 蛋白上样缓冲液到珠子中，100 ℃煮沸 5 min，5 000 r/min 离心 1 min，准备 western blotting 检测。

（10）用 Flag 抗体与 HA 抗体做 western blotting 检测，一种检测免疫沉淀 A 蛋白，另一种检测 B 蛋白。WB 实验参考第 5 章。

五、注意事项

1. 裂解缓冲液中需加入缓冲物质和一定量的盐及洗涤剂，避免非特异性离子和疏水蛋白质与树脂之间的相互作用；此外，需加入蛋白酶抑制剂，防止目标蛋白的降解。

2. 选择生长状态合适且良好的烟草，一般选择 4~5 周苗龄的烟草。不用已开花的烟草，因为蛋白表达水平会下降。

3. 根据实验情况，选择合适的孵育时间。

六、思考题

1. Co-IP 和 GST-pull-down 有哪些不同?
2. IP 过程为什么要在 4 ℃条件下进行?

七、参考文献

［1］LIN J S,LAI E M. Protein-protein interactions：Co-immunoprecipitation［J］. Methods in Molecular Biology,2017,1615:211-219.

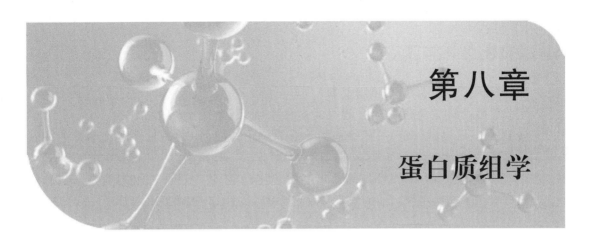

第八章

蛋白质组学

蛋白质在生物的各种生命活动中发挥着重要的作用,而蛋白质组学这一概念是由 Marc Wilkins 在 1996 年首次提出,用于形容"基因组的蛋白质补体",具体是指由一个基因组或一个细胞、组织表达的所有蛋白质,通过研究这些蛋白质的组成和变化的一门学科。随着生物技术的蓬勃发展,各种组学的研究也层出不穷,但蛋白质组不是一个基因组的直接产物,蛋白质的多维特性导致了蛋白质的多种变化,因此导致蛋白质组研究的过程不是一个封闭的、概念化的、扁平化的知识体系,更像是一种新的生物领域。目前蛋白质组学还处于研究的早期,还有非常多的内容等待科学家的探索。现阶段的蛋白质组学主要是通过对蛋白质的提取、分离,再通过电泳、色谱、定量和肽段富集等技术进行蛋白质组学的研究和分析。其中应用最广泛的就是双向电泳技术和质谱技术,在此本书介绍蛋白质组学中的这两种基本研究方法。

实验 8-1　聚丙烯酰胺双向电泳技术

一、实验原理

聚丙烯酰胺凝胶双向电泳技术(two-dimensional gel electrophoresis,2-DE)是由等点聚焦和SDS-聚丙烯酰胺凝胶电泳组合而成的,第一向等点聚焦电泳后,在与第一向垂直的方向上进行第二向电泳。先通过等电点进行等电聚焦分离,再依据分子量的不同,通过 SDS-PAGE 进行分离,最后通过染色、显色,利用分析软件对蛋白质进行分析。双向电泳技术不仅简单、快捷、高效,而且能够对蛋白质进行比较全面的分析,是蛋白质组学中最基本、最核心,也是应用最广泛的技术。

二、实验目的

通过聚丙烯酰胺双向电泳技术来进行蛋白质的分离和分析。

三、实验材料、仪器、试剂

1. 实验材料:蛋白样品、IPG 预制胶条。

2. 实验仪器:等电聚焦仪、96 孔负压提取装置、扫描仪、紫外分光光度计。

3. 实验试剂:尿素(Urea)、三羟甲基氨基甲(Tris)、盐酸(HCl)、Chaps 表面活性剂、Bio-Lyte 两性电解质、甘油、低熔点琼脂糖、甘氨酸、溴酚蓝($C_{19}H_{10}Br_4O_5S$)、甲醇(MeOH)、十二烷基磺酸钠(SDS)、蛋白 Marker、5×loading buffer、甲酸(FA)、乙腈(ACN)、二硫苏糖醇(DTT)、碘代乙酰胺(IAA)、丙烯酰胺(C_3H_5NO)、甲叉双丙烯酰胺[($H_2C =\!=\!CHCONH)_2CH_2$]、ddH_2O。

四、实验方法步骤

1. 第一向等电聚焦(IEF)相关试剂准备

(1)水化上样缓冲液的配制(表 8.1):

表 8.1　水化上样缓冲液配制表

试剂	终浓度	质量/体积
尿素	8 mol/L	4.805 g
DTT	65 mmol/L	0.098 g(临用时加)
溴酚蓝	0.001%	10 μL(1%)
Chaps	4%	0.4 g
Bio-Lyte	0.2%	50 μL(临用时加)
ddH_2O		定容至 10 mL

配制完成后,按需分装,放入-20 ℃保存备用。

(2)胶条平衡缓冲液的配制(表 8.2):

表 8.2　胶条平衡缓冲液的配制表

试剂	终浓度	质量/体积
尿素	6 mol/L	36 g
Tris-HCl	0.375 mol/L	25 mL(1.5 mol/L pH 8.8)
SDS	2%	2 g
甘油	20%	20 mL
ddH_2O		定容至 100 mL

胶条平衡缓冲液分为Ⅰ型和Ⅱ型,Ⅰ型储液每 10 mL 加入 0.2 g DTT,Ⅱ型储液每 10 mL 加入 0.25 g 碘乙酰胺。配制完成后,放入-20 ℃保存备用。

（3）30%聚丙烯酰胺储液的配制：称取丙烯酰胺 150 g 和甲叉双丙烯酰胺 4 g 溶解于 ddH$_2$O 中并定容至 500 mL，滤纸过滤后，装入棕色瓶 4 ℃保存。

（4）10×电极缓冲液的配制：称取 Tris 碱 30 g、甘氨酸 144 g、SDS 10 g 溶于 1 L ddH$_2$O 中，混匀后于室温保存。

（5）低熔点琼脂糖封胶液的配制（表8.3）：

表8.3　低熔点琼脂糖封胶液的配制表

试剂	终浓度	质量/体积
低熔点琼脂糖	0.5%	0.5 g
甘氨酸	192 mmol/L	1.44 g
溴酚蓝	0.001%	100 μL（1%）
Tris	25 mmol/L	0.303 g
SDS	0.1%	1 mL（10%）
ddH$_2$O		定容至 100 mL

放入微波炉加热溶解，直至溶液澄清后放在室温保存备用。

2. 等电聚焦实验步骤。

（1）从−20 ℃冰箱中取出提前配制好的水化上样缓冲液（未加 DTT、Bio-lyte）和 IPG 预制胶条（一个蛋白样品需要一根 IPG 胶条），并放置在室温下溶解。

（2）称取 0.01g DTT，Bio-lyte4-6、5-7 各 2.5 μL 加入水化上样缓冲液中并充分摇匀。

（3）将蛋白样品离心，以 600 μg 上样量结合蛋白浓度计算出上样蛋白体积，然后以 400 μL 电泳体系计算水化上样缓冲液用量，将两者取出混匀后瞬时离心。

（4）利用移液枪吸出蛋白样品与水化上样缓冲液的混合溶液，从左到右沿着聚焦槽边缘线性加入，注意不要产生气泡，聚焦槽两端各 1 cm 处不要加。

（5）用镊子夹住 IPG 胶条正极，轻轻撕去 IPG 预制胶条上的保护膜，分清正负极胶面朝下置于样品溶液上，确保胶条与电极紧密接触，保证胶条与样品中间没有产生气泡，然后缓缓加入矿物油覆于胶条表面。

（6）将上好样的聚焦槽放入 Bio-Rad 等电聚焦仪（PROTEAN IEF Cell，Bio-Rad Hercules，CA，USA）上，盖好聚焦槽的盖子并按照表8.4中具体参数设置等电聚焦程序，极限电流为 50 ~ 70 μA/gel；聚焦温度为 20 ℃。

表8.4　等点聚焦程序

程序	电压	模式	时间	功能
水化	—	20 ℃	14 h	主动水化
S1	250 V	线性	30 min	除盐
S2	1 000 V	快速	1 h	除盐
S3	8 500 V	线性	5 h	升压

续表

程序	电压	模式	时间	功能
S4	8 500 V	快速	40 000 r/h	聚焦
S5	500 V	快速	24 h	保持

（7）第二向凝胶电泳（SDS-PAGE）：

①溶液配制：SDS-PAGE 相关试剂配制参考实验5-4。

②从−20 ℃冰箱取出胶条平衡缓冲储液，配制Ⅰ型胶条平衡缓冲液（已加入 DTT）充分混匀后注入溶胀盘中（一般一根 IPG 胶条需 5 mL）。

③将 IPG 胶条从聚焦槽中取出并用1×电泳缓冲液冲洗胶背3次，然后胶背朝下放入溶胀盘中摇晃平衡15 min，同时配制Ⅱ型胶条平衡缓冲液（已加入碘乙酰胺）充分混匀后注入另一溶胀盘中。

④第一次平衡结束后，用1×电泳缓冲液冲洗胶背3次，胶背朝下放入溶胀盘中摇晃平衡15 min，同时加热溶解琼脂糖封胶液。

⑤第二次平衡结束后，用1×电泳缓冲液冲洗胶背3次，用镊子夹住胶条的一端使整个 IPG 胶条全部浸在1×电极缓冲液中1 min，使用滤纸将凝胶条上的多余液体轻轻吸干。

⑥然后将胶条的胶背贴在长玻璃板上，在分离胶上方灌入低熔点琼脂糖封胶液，用镊子轻轻向下推 IPG 胶条的胶背，使其与分离胶紧密接触。注意将产生的气泡迅速赶出封胶液。

⑦将凝胶板转移至电泳槽中，加入1×电极缓冲液，接通电源和冷却水，以5~10 mA/gel 电流开始电泳至溴酚蓝指示线走出 IPG 胶条，再加大电流（30 mA/gel）直至指示线到达凝胶底部，关闭电源和冷却水，电泳结束。

（8）染色、显影：

①染色液、显色液的配制：参考第5章中考马斯亮蓝配制。

②染色脱色：

a. 电泳结束以后，从电泳槽中取出胶架，用卡片轻轻撬开玻璃夹板使凝胶完全脱离短玻璃板，将带着凝胶的长玻璃板放入盛有固定液（50%乙醇、10%乙酸）的塑料盘中，轻轻摇晃使凝胶脱离玻璃板，然后转移至摇床上进行固定1 h。

b. 将凝胶转移至考马斯亮蓝染液中在摇床上过夜染色。

c. 染色结束后，将凝胶放入脱色液（5%乙醇，5%乙酸）中摇晃，可进行多次脱色，待到凝胶蛋白点清晰以及背景色变白，即可停止脱色。

③2-DE 图谱的获取。脱色结束后用 ddH$_2$O 将凝胶冲洗干净，使用 PowerLook2100XL 扫描仪扫描凝胶获得图像（400 dpi，全彩）并保存为 TIFF 文件。

接着进行 2-DE 图谱的分析：将图像导入 PD-Quest 8.0 软件（美国 Bio-Rad 公司）进行分析，使用 PD-Quest 8.0.1（Bio-Rad）软件进行蛋白质点识别、标准化和多组匹配。

a. 使用自动检测程序对处理组和对照组图像进行蛋白质点检测和自动匹配。

b. 对各自处理组组内和组间进行人工凝胶点匹配、纠正错配。

c. 在图像中增加等电点和分子量信息。

d. 导出数据进行数据分析。

在进行 2-DE 图谱分析时，为了增加蛋白质点可重复性，我们认为只有在 3 个生物学重复中均出现且匹配的凝胶点才认为是有效蛋白质点。凝胶图像采用 PD-Quest 软件"Total quantity in valid spots"方法来进行标准化。使用单因素方差分析（one-way ANOVA）（$p<0.05$）（SPSS 17.0 package）差异蛋白质并结合蛋白质变化倍数，当变化绝对值超过 1.5 倍时认为蛋白质是发生显著变化的。

五、注意事项

双向电泳成功的关键在于建立一套有效的、可重复的样品制备方法。因为双向电泳对样品的要求比较高，所以对于样品的制备，也需根据不同的样品性质选择不同的溶液，可选择单一的溶剂，也可以选择有离液剂、去垢剂（表面活性剂）和还原剂的复杂混合液，因此双向电泳的样品制备方法的选择是非常关键的。

六、思考题

双向电泳的意义是什么？

七、参考文献

［1］SZKLARCZYK D，GABLE A L，LYON D，et al. STRING v11：Protein-protein association networks with increased coverage，supporting functional discovery in genome-wide experimental datasets.［J］. Nucleic Acids Research，2019，47（D1）：607-613.

［2］LI H H，ZHONG L，YAO H X. Detecting protein complexes through micro-network comparison in protein-protein interaction networks.［J］. Journal of Networks，2013，8（3）：696-703.

［3］叶妙水，钟克亚，胡新文，等. 双向凝胶电泳的实验操作及进展［J］. 生物技术通报，2006，22（3）：5-10.

［4］江小羊，翟晓巧. 植物蛋白质组学技术的研究进展［J］. 河南林业科技，2021，41（2）：17-20.

实验 8-2 质谱分析

一、实验原理

蛋白质谱技术的基本原理是蛋白质经过蛋白酶的酶切消化后成肽段混合物，在质谱仪中肽段混合物电离形成带电离子，质谱分析器的电场、磁场将具有特定质量与电荷比值（即质荷比,m/z)的肽段离子分离开来,经过检测器收集分离的离子,确定每个离子的 m/z 值。经过质量分析器可分析出每个肽段的 m/z 值,得到蛋白质所有肽段的质谱图,即蛋白质的一级质谱峰图。离子选择装置自动选取强度较大的肽段离子进行二级质谱分析,输出选取肽段的二级质谱峰图,通过和理论上蛋白质经过胰蛋白酶消化后产生的一级质谱峰图和二级质谱峰图进行比对而鉴定蛋白质。

二、实验目的

通过质谱分析来鉴定蛋白质的组分。

三、实验材料、仪器、试剂

1. 实验材料:蛋白样品。
2. 实验仪器:质谱仪、96 孔负压提取装置、扫描仪、紫外分光光度计。
3. 实验试剂:三羟甲基氨基甲(Tris)、盐酸(HCl)、BCA 定量试剂盒、十二烷基磺酸钠(SDS)、甲酸(FA)、乙腈(ACN)、聚乙烯聚吡咯烷酮(PVPP)、β-巯基乙醇、四乙基溴化铵(TEAB)、胰蛋白酶(Trypsin)、二硫苏糖醇(DTT)、碘代乙酰胺(IAA)、水(H_2O)、苯甲基磺酰氟(PMSF)、乙酸铵(CH_3COONH_4)、甲醇(CH_3OH)、丙酮(CH_3COCH_3)、iTRAQ 标记试剂盒。

四、实验方法步骤

(一)肽段酶解和 iTRAQ 标记

1. 将提取好的蛋白样品采用 Filter aided proteome preparation(FASP)方法进行胰蛋白酶酶解:

(1)取所需的蛋白提取液到超滤管中,加入 400 μL,0.1 mmol/L TEAB 溶液。

(2)组织蛋白按照 1∶1 000 加入 250 ng/μL 的胰蛋白酶,进行酶解,一般酶解时间为 16 ～ 18 h。

(3)酶解结束后离心,13 000 r/min,4 ℃,15 ～ 20 min,然后加入 10 mmol/L TEAB 溶液,反复吸打后再离心 13 000r/min,4 ℃,15 ～ 20 min,重复 3 次,收集所有滤液转移至新离心管中,冷冻干燥备用。

2. 酶解后的肽段冻干后,加入 40 μL TEAB 溶液复溶,按照 iTRAQ 标记试剂盒说明书进行标记:

(1)将 iTRAQ 试剂平衡到室温,离心至管底。

(2)用 150 μL 异丙醇溶解 iTRAQ 试剂。

(3)取 50 μL 样品(100 μg 酶解产物)转移到新的离心管中,加入 iTRAQ 试剂后室温反应 2 h。

(4)加入 100 μL 水终止反应。

(5)混合所有标记样品,涡旋振荡,离心至管底。

（6）真空冷冻干燥样品,留作 iTRAQ 分离鉴定。

（二）SCX 色谱分级

将每组标记后的肽段混合,采用 AKTA Purifier 100 进行分级。缓冲液 A 液为 10 mmol/L KH_2PO_4、25% ACN,pH 3.0;B 液为 10 mmol/L KH_2PO_4、500 mmol/L KCl、25% ACN,pH 3.0。色谱柱以 A 液平衡,样品由进样器上样到色谱柱进行分离,流速为 1 mL/min。液相梯度如下:0% B 液（100% A 液）25 min,B 液线性梯度从 0~10%（90%~100% A 液）;25 ~ 32 min,B 液线性梯度从 10%~20%（80%~90% A 液）;32 ~ 42 min,B 液线性梯度从 20%~45%（55%~80% A 液）;42 ~ 47 min,B 液线性梯度从 45%~100%（0~55% A 液）;47~52 min,52~60 min B 液维持在 100%;60 min 以后,B 液重置为 0%。洗脱过程中监测 214 nm 的吸光度值,每隔 1 min 收集洗脱组分,分别冻干后采用 C18 Cartridge 脱盐。

（三）质谱分析

每份分级样品采用纳升流速的 HPLC 液相系统 Easy nLC 进行分离。缓冲液 C 液为 0.1% 甲酸水溶液,D 液为 0.1% 甲酸乙腈水溶液（乙腈为 84%）。色谱柱以 95% 的 C 液平衡,样品由自动进样器上样到上样柱,经过分析柱分离,流速为 300 nL/min。样品经色谱分离后用 Q-Exactive 质谱仪进行质谱分析。检测方式为正离子,母离子扫描范围 300~1 800 m/z,一级质谱分辨率为 70 000 at 200 m/z,AGC target 为 $1×10^6$,Maximum IT 为 50 ms,动态排除时间为 60 s。多肽和多肽碎片的质荷比按照下列方法采集:每次全扫描后采集 10 个碎片图谱,MS2 Activation Type 为 HCD,Isolation window 为 2 m/z,二级质谱分辨率 17 500 at 200 m/z,Normalized Collision Energy 为 30 eV,Underfill 为 0.1%。

五、注意事项

1. 流动相过滤后要用超声波脱气,脱气后应该恢复到室温后使用。脱气后的流动相要小心振动,尽量不引起气泡。所有过柱子的液体均需严格过滤。压力不能太大,最好不要超过 2 000 psi。

2. 流动相均需色谱纯度,使用去离子水。但长期不使用仪器,应将进样管道用堵头封好保存,注意不能用纯水保存柱子,而应该用有机相,因为纯水易长霉菌。

六、思考题

质谱分析的优缺点是什么?

七、参考文献

［1］WINTER D,STEEN H. Optimization of cell *Lysis* and protein digestion protocols for the analysis of HeLa S3 cells by LC-MS/MS［J］. Proteomics,2011,11（24）:4726-4730.

［2］KRUGER N J. The bradford method for protein quantitation.［M］//The Protein Protocols Handbook. Totowa,N J:Humana Press 2009:17-24.

［3］WESSELS H J C T,VOGEL R O,VAN DEN HEUVEL L,et al. LC-MS/MS as an alternative for SDS-PAGE in blue native analysis of protein complexes［J］. Proteomics. 2009,9（17）: 4221-4228.

［4］ARIKE L,VALGEPEA K,PEIL L,et al. Comparison and applications of label-free absolute pro- teome quantification methods on Escherichia coli［J］. Joural Proteomics, 2012, 75（17）: 5437-5448.

［5］周凯凯. 不同树龄银杏叶片差异蛋白研究［D］.杨凌:西北农林科技大学,2017.

［6］WISNIEWSKI J R,ZOUGMAN A,NAGARAJ N,et al. Universal sample preparation method for proteome analysis［J］.Nat Methods,2009,6(5):359-362.

［7］冼霖. 不同倍性水稻不同发育时期胚乳蛋白含量测定与谷蛋白质谱分析［D］.广州:华南 农业大学,2018.

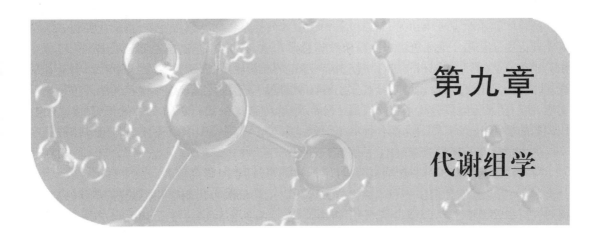

第九章

代谢组学

代谢组学(metabonomics/metabolomics)是继基因组学和蛋白质组学之后新发展起来的组学技术,旨在对生物体内代谢物进行定性定量分析,寻找代谢物与生理病理变化或生物表型之间关系的研究方式,是系统生物学的组成部分。其研究对象大都为相对分子质量1 000以内的小分子物质。目前联合多组学技术在功能基因鉴定、代谢途径解析及自然变异的遗传结构分析等方面发挥着越来越重要的作用。本章简要介绍代谢组学研究方法。

一、实验原理

目前代谢组学主要采用核磁共振(NMR)、液相色谱-质谱(LC-MS)和气相色谱-质谱(GC-MS)三种技术平台。其中核磁共振技术多应用于代谢物分子结构的测定。植物代谢组检测多采用液相色谱质谱技术或气相色谱质谱技术。二者主要在所检测物质上有所区分。植物体内具有丰富的代谢物,目前由于分析技术上的局限性,尚未产生出一种分析技术可以精确描述样本内所有可能的化合物。因此,往往需要根据实验设计时重点关注的代谢物选择具体的技术平台。相比于GC-MS,目前植物代谢组更多采用LC-MS技术进行代谢组检测(图9.1)。本章后续主要以LC-MS技术平台进行介绍。

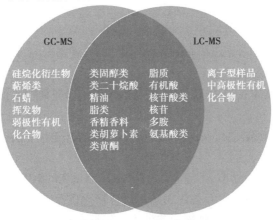

图9.1 LC-MS与GC-MS技术平台检测物质差异

LC-MS 技术原理可概括为:先通过液相色谱分离样本中的不同代谢物,再使用质谱系统对离子进行质量检测。液相色谱中以高效液相色谱为例,其基本原理为:色谱过程中不同组分在相对运动,不相混溶的两相间进行交换,相对静止的相为固定相,相对运动的相为流动相,利用吸附、分配、离子交换、亲和力或分子大小等性质的微小差别,经过连续多次在两相间进行质量交换,使不同组分得到分离。物质被液相分离后进入质谱系统。质谱(MS)先将物质离子化,按离子的质荷比分离,然后测量各种离子谱峰的强度。不同类型的质谱仪均利用电场或磁场来操纵离子运动并确定其质荷比。

植物代谢组学分析一般包括试验设计、植物栽培及取样、样品制备和预处理、代谢产物的分离和鉴定、数据的分析和解释。由于植物代谢物尤其是次生代谢物种类繁多、结构迥异,根据研究对象及目的不同,代谢组学分析的具体步骤会有所不同,采用的分离鉴定手段及数据分析方法也会各不相同。

二、实验目的

通过液相色谱-质谱技术,确定影响两组样本不同表型的关键代谢物。

三、实验材料、仪器、试剂

1. 实验材料:待研究的植物组织(如叶片、花等)
2. 实验仪器:冷冻离心机、混匀仪、真空浓缩仪、滤膜、液相色谱仪、质谱仪。
3. 实验试剂:甲醇(CH_3OH)、乙腈(ACN)、甲酸(FA)、甲酸铵(NH_4HCO_2)、2-氯苯丙氨酸($C_9H_{10}ClNO$)、ddH_2O。

四、实验方法步骤

1. 代谢物提取。目前没有哪一种提取方法可以完成植物样本所有代谢物的提取,本章根据目前比较常用的提取方法总结归纳如下:

(1)使用打样机将所有样本打成粉末状(低温打样)。

(2)称取样本 50 ~ 100 mg 于 2 mL 离心管中,并马上加入 1 mL 甲醇,振荡 1 min,充分混匀。

(3)在 12 000 r/min,4 ℃离心 10 min,取全部上清液,转移至新的 2 mL 离心管中,真空浓缩干燥。

(4)150 μL 2-氯苯丙氨酸(4 ppm)80% 甲醇溶液复溶,上清液使用 0.22μm 膜过滤,过滤液加入检测瓶中。

(5)自每个待测样本各取 20 μL 配制 QC(QUALITY CONTROL)样本。

上述方法可根据实际情况以及关注的某类化合物化学性质进行修改。

2. 上机检测。同提取方法,上机检测条件需要根据实验效果进行优化,本章给出如下条件可做参考。

（1）色谱条件：Thermo Ultimate 3000（Thermo Fisher Scirntific，USA）超高效液相系统，使用 ACQUITYYPLC® HSS T3（2.1×150 mm，1.8 μm）色谱柱，0.25 mL/min 的流速，40 ℃的柱温，上样量 5 μL。正离子模式，流动相为含 0.1% 甲酸的乙腈溶液（A）和含 0.1% 甲酸的甲酸水（B），梯度洗脱程序为：0～1 min，2% A（98% B）；1～9 min，2%～50% A（50%～98% B）；9～12 min，50%～98% A（2%～50% B）；12～13.5 min，98% A（2% B）；13.5～14 min，98%～2% A（2%～98% B）；14～20 min，2% A（98% B）。负离子模式，流动相为乙腈（C）和 5 mmol/L 甲酸铵水（D），梯度洗脱程序为：0～1 min，2% C（98% D）；1～9 min，2%～50% C（50%～98% D）；9～12 min，50%～98% C（2%～50% D）；12～13.5 min，98% C（2% D）；13.5～14 min，98%～2% C（2%～98% D）；14～20 min，2% C（98% D）。

（2）质谱条件：Thermo Q Exactive Focus 质谱检测器，电喷雾离子源（ESI），正负离子模式分别采集数据。正离子喷雾电压为 3.50 kV，负离子喷雾电压为-2.50 kV，鞘气 30 Arb（1Arb=175 kPa），辅助气 10 Arb。毛细血管温度 325 ℃，以分辨率 70 000 进行一级全扫描，一级离子扫描范围 m/z 81～1 000，并采用 HCD 进行二级裂解，碰撞电压为 30 eV，二级分辨率为 17 500，采集信号前 3 离子进行碎裂，同时采用动态排除去除无必要的 MS/MS 信息。

3. 原始数据的分析。

不同仪器形成的原始文件格式不同，通常均有其对应的分析软件，如 AB SCIEX 公司的 Analyst 软件，Thermo 公司的 Xcalibur 软件等，推荐使用仪器对应软件进行数据分析。

同时还可以将原始文件转化为较通用的 mzXML 文件格式以支持更多的分析软件。Proteowizard 软件包（v3.0.8789）中 MSConvert 工具支持多数仪器原始文件的转化。原始数据的分析主要为所有样本中离子峰一级，二级质荷比信息及其离子峰面积的强度提取。目前有 XCMS，MS-Dial，MetaboAnalyst 等多款软件可以进行分析。这些软件主要进行峰检测、峰过滤、峰对齐处理，得到物质定量列表。XCMS 软件可参考如下参数：bw=2，ppm=15，peakwidth= c（2，15），mzwid=0.015，mzdiff=0.01，method=centWave。

代谢物的鉴定是代谢分析最重要也是最困难的地方。关于什么才是有效代谢物鉴定也没有统一规定。Metabolomics Standards Initiative（MSI）组织推荐可以将代谢物的鉴定归为以下四个层次：一是鉴定化合物，需要与化学标准品在同一实验条件下进行对照；二是暂时推定，没有化学标准品，基于物理化学性质或者与数据库的相似性进行鉴定；三是暂时推定化合物的类别，基于某一类化合物的物理化学性质或者与已知化合物的图谱比对进行鉴定；四是未知代谢物。因此，对于重点关注的化合物可以购买其标准品提前构建代谢物数据库。目前代谢物的鉴定更多是进行第二类代谢物的鉴定，即根据与数据库的相似性进行鉴定。代谢物公共数据库主要有 HMDB、METLIN、MassBank、LipidMaps、mzclound 等。其中，MS-Dial，XCMS-online 等软件支持峰提取结果在 MassBank、METLIN 数据库中进行鉴定。

在原始数据分析完成后应先对数据进行预处理。主要方法是基于 QC 样本的 LOESS 信号校正方法实现数据校正，消除系统误差。数据质控中过滤掉 QC 样本中 RSD>30% 的物质。同时，根据后续分析的不同还可以进行数据转化、归一化等处理。

4. 整体数据分析。主成分分析将代谢物变量按一定的权重通过线性组合后产生新的特征变量，通过主要新变量（主成分）对各组数据进行归类，去除重复性差的样本和异常样本。因无外加人为因素，得到的 PCA（Principal Component Analysis）模型反映了代谢组数据的原始状态,有利于掌握数据的整体情况并对数据从整体上进行把握,尤其有利于发现和提出异常样本,并提高模型的准确性。根据预处理之后的数据进行所有样本的 PCA 分析,根据 QC 样本的聚合程度判断数据采集的准确性。同时,判断不同样本组之间是否存在分离,以说明提取的代谢物是否可以表征不同样本组之间的差异。

聚类分析被用于判断代谢物在不同实验条件下的代谢模式。代谢模式相似的代谢物具有相似的功能,或是共同参与同一代谢过程或者细胞通路。因此通过将代谢模式相同或者相近的代谢物聚成类,可以用来推测未知代谢物或已知代谢物的功能。

5.差异代谢物鉴定。目前差异代谢物判断标准主要为 T 检验的 P-value 值、两组之间平均值的差异倍数 fold change 和多元统计分析的 VIP 值。T 检验的 P-value 值和两组之间平均值的差异倍数 fold change 均可以通过 EXCEL 计算。多元统计分析主要指偏最小二乘判别分析(PLS-DA)、正交偏最小二乘判别分析(OPLS-DA)。采用 R 软件包 Ropls 分别对样本数据进行偏最小二乘判别分析(PLS-DA)、正交偏最小二乘判别分析(OPLS-DA)降维分析。数据采用 Pareto 缩放法进行中心化处理,并分别绘制得分图、载荷图、Splot 图,展示各样本间代谢物组成分的差异。用置换检验方法对模型进行过拟合检验。R2X 和 R2Y 分别表示所建模型对 X 和 Y 矩阵的解释率,Q2 表示模型的预测能力,它们的值越接近于 1 表明模型的拟合度越好,训练集的样本越能够被准确划分到其原始归属中。通常差异代谢物鉴定标准为 P-value 值<0.05,fold change 大于 2,VIP 值>1。满足上述两个标准可认为代谢物的差异具有统计学意义。

6.富集分析。KEGG(Kyoto Encyclopedia of Genes and Genomes)是系统分析基因功能、基因组信息数据库,各个数据库中包含了大量的有用信息:基因组信息存储在 GENES 数据库里,包括完整和部分测序的基因组序列;更高级的功能信息存储在 PATHWAY 数据库里,包括图解的细胞生化过程如代谢、膜转运、信号传递、细胞周期,还包括同系保守的子通路等信息;KEGG 的另一个数据库是 LIGAND,包含关于化学物质、酶分子、酶反应等信息。采用 Metabo-Analyst 软件包对筛选差异代谢分子进行功能通路富集和拓扑学分析。富集得到的通路采用 KEGG Mapper 可视化工具进行差异代谢物与通路图的浏览。对鉴定的差异代谢物进行 KEGG 富集分析可明确样本表型与哪一种代谢途径相关,可为后续联合转录组分析奠定基础。

五、注意事项

1.在 LC-MS 检测时利用 QC 样本进行质控。理论上 QC 样本都是相同的,但是在样本提取、检测分析过程中会有系统误差,导致 QC 样本间会有差异,差异越小说明方法稳定性越高,数据质量越好,体现在 PCA 分析图上就是 QC 样本密集分布,说明数据可靠。

2.为了发现生物标记物,潜在的特征峰在 QC 样本中的相对标准偏差(Relative Standard Deviation,RSD),即变异系数不能超过 30%,对不符合要求的特征峰应予以删除。所以,在质量控制的基础上,通常会进行质量保证(Quality Assurance,QA)来删除 QC 样本中重复性差的特征峰(Features),以便获得更高质量的数据集,更有利于生物标记物的检测。

3.代谢物峰面积仅是离子峰相对强度的体现,不是代谢物的具体含量,因此代谢物的比较分析往往是同一离子在不同样本之间的比较分析,而不同离子之间不建议进行比较分析。

六、思考题

1. 代谢组研究的意义是什么？
2. 代谢组还有哪些问题值得深入研究？

七、参考文献

[1] DEMURTAS A, PESCINA S, NICOLI S, et al. Validation of a HPLC-UV method for the quantification of budesonide in skin layers [J]. Journal of Chromatography B Analytical Technologies in the Biomedical Life Sciences, 2021, 1164:122512.

[2] ZELENA E, DUNN W B, BROADHURST D, et al. Development of a robust and repeatable UPLC-MS method for the long-term metabolomic study of human serum [J]. Analytical Chemistry, 2009, 81(4):1357-1364.

[3] WANT E J, MASSON P, MICHOPOULOS F, et al. Global metabolic profiling of animal and human tissues *via* UPLC-MS [J]. Nature Protocols, 2013, 8(1):17-32.

[4] SMITH C A, WANT E J, O'MAILLE G, et al. XCMS: Processing mass spectrometry data for metabolite profiling using nonlinear peak alignment, matching, and identification [J]. Analytical Chemistry, 2006, 78(3):779-787.

[5] NAVARRO-REIG M, JAUMOT J, GARCÍA-REIRIZ A, et al. Evaluation of changes induced in rice metabolome by Cd and Cu exposure using LC-MS with XCMS and MCR-ALS data analysis strategies [J]. Analytical and Bioanalytical Chemistry, 2015, 407(29):8835-8847.

[6] WISHART D S, TZUR D, KNOX C, et al. HMDB: the Human Metabolome Database [J]. Nucleic Acids Research, 2007, 35(Database issue): D521-D526.

[7] TAUTENHAHN R, CHO K, URITBOONTHAI W, et al. An accelerated workflow for untargeted metabolomics using the METLIN database [J]. Nature Biotechnology. 2012, 30(9): 826-828.

[8] HORAI H, ARITA M, KANAYA S, et al. MassBank: A public repository for sharing mass spectral data for life sciences [J]. Journal of Mass Spectrometry, 2010, 45(7): 703-714.

[9] SUD M, FAHY E, COTTER D, et al. LMSD: LIPID MAPS structure database [J]. Nucleic Acids Research, 2007, 35(Database issue):D527-D532.

[10] ABDELRAZIG S, SAFO L, RANCE G A, et al. Metabolic characterisation of *Magnetospirillum gryphiswaldense* MSR-1 using LC-MS-based metabolite profiling [J]. RSC Advances, 2020, 10(54):32548-32560.

[11] OGATA H, GOTO S, SATO K, et al. KEGG: Kyoto Encyclopedia of genes and genomes [J]. Nucleic Acids Research, 1999, 27(1):29-34.

[12] GAGNEBIN Y, TONOLI D, LESCUYER P, et al. Metabolomic analysis of urine samples by UHPLC-QTOF-MS: Impact of normalization strategies [J]. Analytica Chimica Acta, 2017, 955:27-35.

［13］THÉVENOT E A，ROUX A，XU Y，et al. Analysis of the human adult urinary metabolome variations with age，body mass index，and gender by implementing a comprehensive workflow for univariate and OPLS statistical analyses［J］. Journal of Proteome Research，2015，14（8）：3322-3335.

［14］XIA J G，WISHART D S. Web-based inference of biological patterns，functions and pathways from metabolomic data using MetaboAnalyst［J］. Nature Protocols，2011，6（6）：743-760.

［15］DUNN W B，BROADHURST D，BEGLEY P，et al. Procedures for large-scale metabolic profiling of serum and plasma using gas chromatography and liquid chromatography coupled to mass spectrometry［J］. Nature Protocols，2018，6（7）：1060-1083.

［16］BOULESTEIX A L，STRIMMER K. Partialleast squares：A versatile tool for the analysis of high-dimensional genomic data［J］. Briefings in Bioinformatics，2007，8（1）：32-44.

［17］TRYGG J，WOLD S. Orthogonal projections to latent structures（O-PLS）［J］. Journal of Chemometrics，2002，16（3）：119-128.

［18］KIEFFER D A，PICCOLO B D，VAZIRI N D，et al. Resistant starch alters gut microbiome and metabolomic profiles concurrent with amelioration of chronic kidney disease in rats［J］. American Journal of Physiology-Renal Physiology，2016，310（9）：F857-F871.

［19］SREEKUMAR A，POISSON L M，RAJENDIRAN T M，et al. Metabolomic profiles delineate potential role for sarcosine in prostate cancer progression［J］. Nature，2009，457（7231）：910-914.

［20］RAO G D，SUI J K，ZHANG J G. Metabolomics reveals significant variations in metabolites and correlations regarding the maturation of walnuts（*Juglans regia* L.）［J］. Biology Open，2016，5（6）：829-836.

［21］RAO J，CHENG F，HU C Y，et al. Metabolic map of mature maize kernels［J］. Metabolomics，2014，10（5）：775-787.

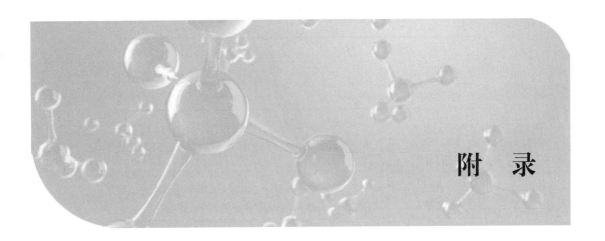

附　录

附录1　常用试剂及培养基的配制

1. EDTA(0.5 mol/L,pH 8.0)的配制

准确称取 186.1 g Na$_2$-EDTA·2H$_2$O,加入少量水使其充分溶解后,再用容量瓶定容至 1 L,调节 pH 值至 8.0,分装,高压灭菌,置于 4 ℃保存,备用。

2. 3 mol/L 醋酸钠(pH 5.2)的配制

准确称量 40.8 g NaOAc·3H$_2$O 置于烧杯中,加入约 40 mL 去离子水搅拌溶解,加入冰醋酸调节 pH 值至 5.2,容量瓶定容到 100 mL,高温高压灭菌后室温保存。

3. 1 mol/L Tris-HCl(pH 7.4/7.6/8.0)的配制

称量 121.1 g Tris 置于 1 L 烧杯中,加入约 800 mL 去离子水,充分搅拌溶解,按附表 1.1 加入浓盐酸调节所需要的 pH 值,然后定容至 1 L,高温高压灭菌后室温保存。

附表 1.1　不同 pH 值时需对应加入的浓盐酸量

pH 值	浓盐酸/mL
7.4	约 70
7.5	约 60
8.0	约 42

注意:应使溶液冷却至室温后再调节 pH 值,因为 Tris 溶液的 pH 值随温度的变化差异很大,温度每升高 1 ℃,溶液的 pH 值大约降低 0.03 个单位。

4. 50×TAE 电泳缓冲液储存液(500 mL)的配制

先加入 200 mL 双蒸水使附表 1.2 中的物质充分混合,然后用双蒸水定容到 500 mL。

附表 1.2　50×TAE 电泳缓冲液的成分及各成分的量

组分	体积/质量
Tris	121 g

续表

组分	体积/质量
冰乙酸	28.55 mL
EDTA(0.5 mol/L,pH 8.0)	50 mL

将以上储存液稀释 100 倍至 0.5×TAE 缓冲液,可同时作为电泳及制胶用的缓冲液。

5.10×TE Buffer(pH 8.0)的配制

按照附表 1.3 中的组分和用量均匀混合,高温高压灭菌,室温保存。

附表 1.3　10×TE Buffer(pH 8.0)的成分及各成分的用量

试剂	用量/mL
1 mol/L Tris-HCl buffer（pH 8.0）	100
500 mmol/L EDTA	20
ddH$_2$O	880

6.10 mol/L 醋酸铵溶液的配制

称量 77.1 g 醋酸铵于 100~200 mL 烧杯中,加入约 30 mL 去离子水搅拌溶解,加去离子水定容至 100 mL,用 0.22 μm 的过滤器过滤除菌,密封瓶口,室温保存。注意:醋酸铵受热易分解,故不能高温高压灭菌。

7. RNase A(10 mg/mL)的配制

取 100 mg RNase A,溶解在 0.01 mol/L 的醋酸钠(pH 5.2)中,定容至 10 mL,使终浓度为 10 mg/mL,沸水浴中煮 15 min,室温下缓慢冷却,用 1 mol/L 的 Tris-HCl(pH 8.0)调节 pH=7.4(缓慢加入,少量 Tris-HCl 即可将 pH 值调节到 7.4)。按需分装到小管中,−20 ℃保存。

8.0.9% NaCl(100 mL)溶液的配制

称取 0.9 g NaCl 溶于 100 mL 超纯水中,高压灭菌。

9.10×LiAc(100 mL)的配制

称取 10.201 g LiAc 溶于 100 mL 蒸馏水中,用冰乙酸调节 pH 值至 7.5,高压灭菌。

10.50% PEG 溶液(100 mL)的配制

称取 50 g PEG4000 溶于 100 mL 超纯水中,高压灭菌。

11. X-α-GAL 溶液(20 mg/mL)的配制

称取 50 mg X-α-GAL 溶于 2.5 mL 化学纯 DMF(二甲基甲酰胺)中,−20 ℃条件下避光保存。

12.蛋白酶抑制剂 PMSF 的配制

称取 0.871 g PMSF,用 20 mL 异丙醇溶解,定容至 50 mL。过滤除菌,按需分装若干,于 −20 ℃保存。（注意:工作浓度一般用 1 mmol/L,1:100(V/V)加入即可。样品处理超过 1 h,补加一次。）

13. IPTG 溶液(200 mg/mL)的配制

称取 2 g IPTG 粉末溶于 8 mL ddH$_2$O,溶解后用 ddH$_2$O 定容至 10 mL。过滤除菌,分装若干,于-20 ℃保存。

14. Amp(50 mg/mL)的配制

在超净工作台中,将 2.5 g 氨苄青霉素粉末,充分溶解于 50 mL 无菌水中,然后经过孔径为 0.22 μm 的滤膜过滤除菌后进行分装,于-20 ℃保存备用。

15. Carb(100 mg/mL)的配制

10 g 羧苄青霉素溶于少量三蒸水中,容量瓶定容到 100 mL,超净工作台上过滤除菌(3 层滤膜),每管分装 1 000 μL,-20 ℃保存。

16. SM(50 mg/mL)的配制

10 g 链霉素溶于少量三蒸水中,容量瓶定容至 200 mL,超净工作台上过滤除菌(4 层滤膜),每管分装 1 000 μL,-20 ℃保存(每 100 mL YEB 培养基一般加 1 000 μL)。

17. Rif(10 mg/mL)的配制

在超净工作台中,用少量的稀 NaOH 将 0.5 mg 的 Rif 固体粉末充分溶解,然后加入无菌水定容至 50 mL,然后利用孔径为 0.22 μm 的滤膜过滤除菌后按需分装(每管 500 μL),-20 ℃保存备用。

18. Kan(50 mg/mL)的配制

在超净工作台中,将 2 g 的硫酸卡那霉素充分溶解于 40 mL 的无菌水中,然后利用孔径为 0.22 μm 的滤膜过滤后分装(每管 500 μL),-20 ℃保存备用。

19. NAA(1 mg/mL)的配制

取 0.05 g 的 NAA 粉末溶于 10 mL 的无水乙醇中,直至粉末完全溶解,再用三级水定容到 50 mL,超净工作台上过滤除菌(4 层滤膜)。

20. 2,4-D(1 mg/mL)的配制

在超净工作台中,用少量的稀 NaOH 将 20 mg 的 2,4-D 固体粉末充分溶解,然后加入无菌水定容至 20 mL,利用孔径为 0.22 μm 的滤膜过滤除菌后分装,-20 ℃保存备用。

21. IAA(1 mg/mL)的配制

100 mg 吲哚乙酸用少量无水乙醇溶解,三蒸水定容到 100 mL,超净工作台上过滤除菌(4 层滤膜),每管 500 μL(每 100 mL MS 培养基一般加 100 μL IAA)。

22. ZT(1 mg/mL)的配制

100 mg 玉米素用少量 1% HCl(500~600 μL)溶解,三蒸水,容量瓶定容到 100 mL,超净工作台上过滤除菌(4 层滤膜),每管分装 500 μL,4 ℃避光保存(每 100 mL MS 培养基一般加 175 μL)。

23. KT(1 mg/mL)的配制

在超净工作台中,用少量的稀盐酸将 50 mg 的 KT 固体粉末充分溶解,然后加入无菌水定容至 50 mL,利用孔径为 0.22 μm 的滤膜过滤除菌后分装,-20 ℃保存备用。

24. ZR(2 mg/mL)的配制

在超净工作台中,用少量稀 NaOH 将 100 mg 的 ZR 固体粉末充分溶解,加入无菌水定容至 50 mL,然后利用孔径为 0.22 μm 的滤膜过滤除菌后分装,-20 ℃保存备用。

25. Timentin(300 mg/mL)的配制

在超净工作台中,向 3 g Timentin 固体粉末中加入 10 mL 无菌水,然后利用孔径为 0.22 μm 的滤膜过滤除菌后分装,-20 ℃保存备用。

26. AgNO₃(5 mg/L)的配制

称取 5 mg 硝酸银到干净的烧杯中,加入适量去离子水或纯水,搅拌至硝酸银完全溶解,然后用 1 L 容量瓶定容,在超净工作台上过滤除菌。

27. 0.1%升汞的配制

取升汞 1 g 加 1 000mL 蒸馏水混匀即可得到 0.1%的升汞溶液。

28. 6-BA(1mg/mL)的配制

称取 0.1 g 6-BA 放入烧杯中,用少量 1 mol/L NaOH 溶解,然后加水定容到 100 mL 容量瓶,超净工作台上过滤除菌(4 层滤膜),每管分装 500 μL,-20 ℃保存。

29. IBA(0.1 mg/mL)的配制

称取 50 g 的 IBA 固体,加入适量的溶剂(例如水),搅拌或超声溶解,直到完全溶解,将溶解后的 IBA 溶液转移到一个 500 mL 的容量瓶中,用适量的溶剂(例如水)加入容量瓶中,使溶液的体积达到 500 mL,同时搅拌均匀,将容量瓶中的溶液充分混匀,确保溶液均匀分布。至此,IBA 母液的配置过程完成,得到浓度为 0.1 mg/mL、体积为 500 mL 的 IBA 母液。

30. LB 培养基的配制

双蒸水溶解附表1.4 中物质并定容至 1 L,将 pH 值调节至 7.0。固体培养基每 100 mL 加入 1.5 g 琼脂粉。

附表 1.4　LB 培养基(1 L)

组分	质量/g
酵母提取物	5
胰蛋白胨	10
NaCl	10

31. YEB 培养基的配制

用双蒸水溶解附表1.5 中所示的物质,定容到 1 L 并将 pH 值调节至 7.2。固体 YEB 培养基每 100 mL 加入 1.5g 琼脂粉。

附表 1.5　YEB 培养基(1 L)

组分	质量/g
牛肉膏	5
蛋白胨	5
蔗糖	1
酵母提取物	5
MgSO₄·7H₂O	0.5

32. YEP 培养基的配制

用双蒸水溶解附表 1.6 中所示的物质,定容到 1 L 并将 pH 值调节至 7.0。固体 YEP 培养基每 100 mL 加入 1.2 g 琼脂粉。

附表 1.6　YEP 培养基(1 L)

组分	质量/g
NaCl	5
胰蛋白胨	10
酵母浸粉	5

33. MS 培养基母液的配制

以下四种母液均用双蒸水溶解,并用容量瓶定容。

1）大量元素(20×),如附表 1.7 所示。

附表 1.7　大量元素(20 X)

组分	浓度/($mg \cdot L^{-1}$)
NH_4NO_3	33 000
KNO_3	38 000
$MgSO_4 \cdot 7H_2O$	74 000
KH_2PO_4	3 400
$CaCl_2 \cdot 2H_2O$	8 800

注:$CaCl_2 \cdot 2H_2O$ 最后加入到溶液中,避免出现 $CaSO_4$ 沉淀。

2）微量元素(200×),如附表 1.8 所示。

附表 1.8　微量元素(200 X)

组分	浓度/($mg \cdot L^{-1}$)
KI	166
H_3BO_3	1 240
$MnSO_4 \cdot 4H_2O$	4 460
$Na_2MoO_4 \cdot 2H_2O$	50
$ZnSO_4 \cdot 7H_2O$	1 720
$CuSO_4 \cdot 5H_2O$	5
$CoCl_2 \cdot 6H_2O$	5

3）有机物(200×),如附表 1.9 所示。

附表 1.9　有机物(200 X)

组分	浓度/(mg·L^{-1})
肌醇 IVA	20 000
烟酸 IVB	100
VB$_6$	100
VB$_1$	20
甘氨酸	400

4)铁盐(200×),如附表 1.10 所示。

附表 1.10　铁盐(200 X)

组分	浓度/(mg·L^{-1})
FeSO$_4$·7H$_2$O	5 560
Na$_2$-EDTA·2H$_2$O	7 460

注:FeSO$_4$·7H$_2$O 和 Na$_2$-EDTA·2H$_2$O 要分别用 ddH$_2$O 溶解后再混合在一起,然后定容至 1 L。

34. MS 培养基的配制

ddH$_2$O 溶解附表 1.11 中的物质,定容至 1 L,并用 pH 计调整 pH 值至 5.8~5.9,固体 MS 培养基每 100 mL 加入 0.8 g 琼脂粉。

附表 1.11　MS 培养基(1 L)

组分	体积/质量
大量元素(20×)	50 mL
微量元素(200×)	5 mL
有机物(200×)	5 mL
铁盐(200×)	5 mL
蔗糖(3%)	30 g

MS 盐液体培养基(1 L)的组分如附表 1.12 所示。

附表 1.12　MS 盐液体培养基(1 L)

组分	体积/质量
大量元素(20×)	50 mL
微量元素(200×)	5 mL
铁盐(200×)	5 mL
蔗糖(3%)	30 g

35. N6 培养基(1 L)(附表 1.13)

附表 1.13　N6 培养基(1 L)

组分		浓度/(mg·L^{-1})
大量元素	硝酸钾	2 800
	硫酸铵	463
	磷酸二氢钾	400
	硫酸镁($MgSO_4·7H_2O$)	185
	氯化钙($CaCl_2·2H_2O$)	165
铁盐	乙二胺四乙酸二钠	37.3
	硫酸亚铁($FeSO_4·7H_2O$)	27.8
微量元素	硫酸锰($MnSO_4·H_2O$)	4.4
	硫酸锌($ZnSO_4·7H_2O$)	1.5
	硼酸	1.6
	碘化钾	0.8
有机成分	维生素 B_1(盐酸硫胺素)	1.0
	维生素 B_6(盐酸吡哆醇)	0.5
	烟酸	0.5
	甘氨酸	2.0
	蔗糖	20 000

说明：在 25 ℃条件下，定容至 1 L，并用 pH 计调整 pH 值至 5.8。

36. B5 培养基(1 L)的配制(附表 1.14)

附表 1.14　B5 培养基(1 L)

组分		浓度/(mg·L^{-1})
大量元素	磷酸二氢钠($NaH_2PO_4·H_2O$)	150
	氯化钙($CaCl_2·2H_2O$)	150
	硝酸钾	2 500
	硫酸铵	134
铁盐	硫酸镁($MgSO_4·7H_2O$)	250
	乙二胺四乙酸二钠	37.3

续表

组分		浓度/（mg·L^{-1}）
微量元素	硫酸亚铁（FeSO$_4$·7H$_2$O）	27.8
	硫酸锰（MnSO$_4$·2H$_2$O）	10.0
	硫酸锌（ZnSO$_4$·7H$_2$O）	2.0
	硼酸	3.0
	钼酸钠（Na$_2$MoSO$_4$·2H$_2$O）	0.25
	硫酸铜（CuSO$_4$·5H$_2$O）	0.025
	氯化钴（CoCl$_2$·6H$_2$O）	0.025
	碘化钾	0.75
有机成分	维生素 B$_1$（盐酸硫胺素）	10.0
	维生素 B$_6$（盐酸吡哆醇）	1.0
	烟酸	1.0
	肌醇	100.0
	蔗糖	20 000

说明：在 25 ℃条件下，定容至 1 L，并用 pH 计调整 pH 值至 5.5。固体 B5 培养基每 1 000 mL 加入 7 g 琼脂粉。

37. NB 培养基（1 L）的配制

NB 培养基由 N6 大量元素+B5 微量元素+B5 有机成分组成。

附录 2　常用生物学软件和网站

1. 生物学相关论坛

中国生命科学论坛

生物秀论坛

基因库

丁香园

2. 生物学相关软件下载

生物软件网

3. 生物学常用数据库

INSD The International Nucleotide Sequence Databases, maintained by DDBJ, EMBL and GenBank.

DDBJ A nucleotide sequence database at the National Institute of Genetics (NIG) in Japan.

EMBL A nucleotide sequence database at the European Bioinformatics Institute (EBI) in UK.

GenBank A nucleotide sequence database maintained by the National Center for Biotechnology Information (NCBI) in USA.

dbEST A EST database for each organism in NCBI.

UniGene A unigene database for each organism in NCBI.

dbGSSA genome survey sequences (GSS) database for each organism in NCBI.

Tair The Arabidopsis Information Resource.

BRAD Brassica Database .

Rape Data

Spud DB Potato Genomics Resource

辣椒数据库网站：

RiceGE：Rice Functional Genomic Express Database

IWGSC International Wheat Genome Sequencing Consortium

MaizeGDB The Maize Model Organism Database for Basic

番茄综合数据库：

The International Tomato Sequencing Project A web-site of the International Tomato Sequencing Project.

SOL A web-site of the International Solanaceae Genome Project.

SGN Genomic, genetic and taxonomic information for species in the Solanaceae and related families.

TIGR Tomato Gene Index A database for publicly available ESTs and unigenes fortomato.

miBASE A database for tomato unigenes with ESTs from Micro-Tom, gene expressions, metabolic pathways, gene ontologies.

TomDB A database for the tomato genome database.

KaFTom A database for ESTs and fμLl-length sequences from tomato fμLl -length cDNA libraries and their annotations.

Lycopersicon escμLentum（tomato）genome view A database for tomato linkage maps in NCBI.

4. 基因表达的数据库

GEO Providing data from microarray，serial analysis of gene expression（SAGE），and mass spectrometry proteomics.)

ArrayExpress A database for gene expression_r data from microarray experiments in EBI.

SGED A database for Solanaceae expression data using potato cDNA microarrays.

TED A tomato microarray data warehouse and databases for tomato microarray expression data and tomato digital expression data.

CGEP A web-site of The Center for Gene Expression Profiling（CGEP）for high quality tomato cDNA microarrays.

代谢与代谢途径数据库

KEGG Databases for metabolic pathways，genes，protein families，ligands，drugs，diseages and so on.

LycoCyc A tomato metabolic pathway database.

TOMET Tomato Metabolite Database（TOMET）contains data on metabolites such as ascorbate，carotenoids and sugars.

MoTo DB Metabolome Tomato Database（MoTo DB）A metabolite database dedicated to liquid chromatography-mass spectrometry-based metabolomics of tomato fruit.

5. 遗传数据库

TGRC Genebank of wild relatives，monogenic mutants and miscellaneous genetic stocks of tomato at Tomato Genetics Resource Center.

6. 生物信息学常用网站

MultAlin Multiple sequence alignment by Florence Corpet

WebLogo3 WebLogois a web-based application designed to make the generat ion of sequence logos easy and painless.

GSDS 2. 0 Gene Structure Dispaly Server

PlantRegMap Plant Transcriptional Regulatory Map